动物病原实验室
诊断与检测技术

王印　罗燕　何谦○主编

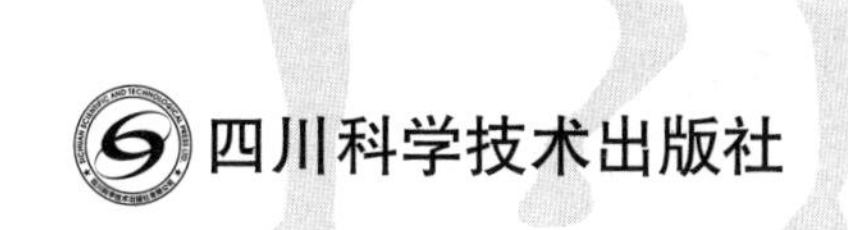
四川科学技术出版社

图书在版编目（CIP）数据

动物病原实验室诊断与检测技术 / 王印, 罗燕, 何谦主编. -- 成都 : 四川科学技术出版社, 2022.4

ISBN 978-7-5727-0505-2

Ⅰ. ①动… Ⅱ. ①王… ②罗… ③何… Ⅲ. ①动物疾病 - 病原微生物 - 微生物检定 Ⅳ. ①S852.6

中国版本图书馆CIP数据核字（2022）第058154号

动物病原实验室诊断与检测技术

主　编 王 印 罗 燕 何 谦

出 品 人 程佳月
责任编辑 张 蓉
封面设计 张维颖
责任出版 欧晓春
出版发行 四川科学技术出版社
成都市锦江区三色路238号 邮政编码 610023
官方微博：http://weibo.com/sckjcbs
官方微信公众号：sckjcbs
传真：028-86361756
成品尺寸 170 mm × 240 mm
印　张 13　字数 260 千
印　刷 四川华龙印务有限公司
版　次 2022年11月第 1 版
印　次 2022年11月第 1 次印刷
定　价 60.00元

ISBN 978-7-5727-0505-2

邮购：成都市锦江区三色路238号新华之星A座25层 邮政编码：610023
电话：028-86361758

本书编委会

主　编　王　印（四川农业大学）

罗　燕（四川农业大学）

何　谦（成都纳比微特检测技术服务有限公司）

副主编　姚学萍（四川农业大学）

杨泽晓（四川农业大学）

邬旭龙（成都农业科技职业学院）

任梅渗（四川农业大学）

参　编（排名不分先后）

陈婉婷　韩光丽　江地科　姜睿姣　芦　彪

刘　洁　罗梓丹　庞茂楠　任梓薇　涂　藤

王　翔　伍　茜　晏仕强　杨　威　杨　悦

张鹏飞　赵　位　朱光恒　周　游　曾红梅

（四川农业大学）

曾相杰（四川天合生物科技有限公司）

王修文（四川天合生物科技有限公司）

张　灵（北京生泰尔科技股份有限公司）

前　言

QIAN YAN

中国是世界农业大国。畜牧行业是我国农业的重要组成部分，也是我国的支柱产业之一，是目前农业增收的主要产业，在农业发展过程中起积极的作用。随着经济全球化的加快及人们生活水平的不断提高，类似“食品安全”“动物新疫情”“公共卫生”等问题频繁出现。在这种新形势下，提高动物卫生、食品卫生安全水平，不仅需要兽医人员的努力，也需要广大人民群众的共同努力。

近年来，人畜共患疫病、重大动物疫病、外来动物疫病是我国动物疫病防控的重点。这些疫病主要通过国际贸易、边境互通、动物迁徙等途径进行传播，从而给我国的畜牧行业带来严重损失，甚至对我国政治、经济及社会带来重大的影响。此外，国内的动物疫病常常出现多种疫病混合感染的状况，仅凭临床诊断很难进行区分，这也是造成我国动物疫病诊断困难的主要原因之一。因此，对动物疫病的及时确诊，能有效地防止对我国畜牧行业、人民群众及社会的影响。

目前，对于动物疫病的确诊，主要通过临床诊断与实验室诊断相结合的方法。本书对动物疫病实验室诊断技术进行了论述，主要内容包括检验检疫技术现状与发展、病原分离与鉴定技术、现代分子检疫与诊断技术、测序技术、免疫学检疫与诊断技术及病理学检疫与诊断技术六个板块。本书的特色不仅在于介绍畜禽疫病中常用的实验室检测技术，而且也融入了临床诊断技术及相关病原国际标准、行业标准、地方标准，以及作者团队的最新研究成果和实践经验，旨在为动物疫病检测提供相关技术参考，为检测技术人才培养提供有力支撑。

本书具有较强的阅读价值与参考价值，可作为教师、科研人员、实验室工作人员及生产养殖人员的参考书籍。鉴于本书覆盖的动物病原检测技术种类较多，加之编者水平有限，难免存在不妥或遗漏之处，恳请广大读者及时反馈，以期修订和完善。

编　者

目　录

MU LU

第一章　绪　论……………………………………………………………………… 001
第一节　检疫与诊断技术在动物疫病防控中的重要作用 …………… 001
一、在动物疫病暴发和流行期间的作用 ……………………………… 001
二、在动物疫病稳定和控制阶段的作用 ……………………………… 003
三、在动物疫病净化和根除阶段的作用 ……………………………… 004
第二节　动物疾病检疫与诊断技术的发展与现状 ……………………… 005
一、免疫血清学技术 ……………………………………………………… 007
二、分子生物学技术 ……………………………………………………… 014
第三节　发展趋势与前景展望 ……………………………………………… 019
一、血清学诊断技术发展趋势 …………………………………………… 019
二、分子检测技术的发展趋势 …………………………………………… 020

第二章　病原分离与鉴定技术……………………………………………… 025
第一节　细菌分离与鉴定技术 ……………………………………………… 025
一、细菌的分离、培养 ……………………………………………………… 025

二、细菌的生化特性鉴定 …… 027
三、细菌的血清学鉴定 …… 030
四、细菌的生物学鉴定 …… 033
第二节 病毒分离与鉴定技术 …… 036
一、临床样本的采集、处理与保存 …… 036
二、病毒的纯化与增殖培养 …… 037
三、病毒的鉴定 …… 049
第三节 寄生虫分离与鉴定技术 …… 052
一、粪便检查技术 …… 052
二、体表寄生虫检查技术 …… 055
三、血液寄生虫检查技术 …… 057
四、组织寄生虫检查技术 …… 058
五、免疫荧光技术 …… 059
六、PCR 诊断技术 …… 060

第三章 现代分子检疫与诊断技术 …… 062
第一节 核酸杂交 …… 062
一、核酸分子杂交的基本原理 …… 062
二、核酸分子杂交技术 …… 064
三、核酸探针 …… 066
第二节 核酸芯片技术 …… 069
一、基因芯片技术 …… 069
二、液相芯片技术 …… 074
第三节 核酸扩增技术 …… 081

一、普通 PCR 技术 …… 082
二、荧光定量 PCR 技术 …… 089
三、LAMP 技术 …… 096
四、数字微滴 PCR 技术 …… 099

第四章 测序技术 …… 105
一、Sanger 双脱氧法测序技术 …… 105
二、二代测序技术 …… 106
三、三代测序技术 …… 108

第五章 免疫学检疫与诊断技术 …… 114
第一节 传统免疫学诊断技术 …… 115
一、血凝和血凝抑制试验 …… 115
二、补体结合试验 …… 121
三、沉淀试验 …… 126
四、凝集试验 …… 130
五、病毒中和试验 …… 132
六、免疫荧光技术 …… 134
第二节 新型免疫学诊断技术 …… 135
一、胶体金技术 …… 135
二、酶联免疫吸附试验 …… 140
三、免疫印迹技术 …… 143
四、免疫磁珠酶联免疫分析法 …… 146

第六章　病理学检疫与诊断技术……………………………… 149
第一节　常规病理学诊断技术 ……………………………… 149
一、大体解剖技术 ……………………………… 149
二、组织病理学技术 ……………………………… 156
三、超微病理学技术 ……………………………… 162
第二节　免疫组织化学 ……………………………… 167
一、免疫组织化学的原理 ……………………………… 167
二、免疫组织化学方法 ……………………………… 168
三、抗体 ……………………………… 170
四、非特异性染色和组织固定 ……………………………… 171
五、抗原修复 ……………………………… 173
六、技术问题 ……………………………… 174
七、免疫组织化学的标准化 ……………………………… 177
八、免疫组织化学的应用 ……………………………… 178
第三节　分子病理学诊断技术 ……………………………… 179
一、 兽医分子病理诊断发展概况 ……………………………… 180
二、原位杂交技术 ……………………………… 181
三、聚合酶链式反应 ……………………………… 185
四、实时荧光定量 PCR ……………………………… 186
五、基因芯片 ……………………………… 187
六、DNA 测序 ……………………………… 188

附录　常用缩略语英汉对照……………………………… 193
部分动物传染病诊断及防控方法现行标准名录……………………………… 198

第一章　绪　论

第一节　检疫与诊断技术在动物疫病防控中的重要作用

利用先进的诊断技术对动物疫病的发生、发展、流行、分布及相关因素进行系统的流行病学调查，并利用国家标准、行业标准、地方标准或是国际标准、国际贸易适用标准等规定的诊断技术，对采集的样品进行动物疫病检测、诊断，以掌握该动物疫病发生、发展与流行的趋势和规律，对实现疫情的早期预警并指导制定科学的防控政策，最大限度地减小疫情发生的范围、降低损失，以及动物保健咨询、输出动物与其产品无害化状态的保证等均具有非常重要的意义。因此，动物疫病诊断技术在动物疫病暴发和流行阶段、稳定和控制阶段，以及净化和根除阶段，都具有极其重要的作用。

一、在动物疫病暴发和流行期间的作用

动物疫病诊断技术是掌握动物疫病分布特征和发展趋势的重要工具。通过对动物疫病检测、监测，可以描述动物疫病流行现状、危害程度、风险因子、流行规律和发展趋势。通过对动物疫病系统观察、检测、分析，确定动

物疫病的分布特征和发展变化趋势，有助于制定动物疫病控制规划，便于及时发现外来动物疫病并采取干预措施，确定动物疫病的病因及其影响因素。早期识别动物疫病的暴发和流行，分析不明病因及动物疫病发生原因，可为动物疫病防控提供决策依据，有利于确定动物疫病防控工作的重点任务和紧迫任务，探寻有效的动物疫病预防与控制的途径和措施。动物疫病的暴发与流行，常具有发病率高、流行范围广、传播速度快等特点。有些疫病常常在动物和人群中流行，对动物饲养与繁殖、食品安全和人类健康等方面造成严重危害。现有的动物疫病诊断技术标准中以多项诊断技术和多个检测指标作为确诊动物疫病的重要依据，对病原鉴定和诊断具有非常重要的意义。另外，在没有疫苗免疫的情况下，利用抗体检测技术检测动物是否感染疫病，能够为疫情早期发现、疫情确诊、紧急免疫、疫源追踪等提供一定的科学参考依据。

（一）病原诊断确认疫情

《中华人民共和国动物防疫法》《重大动物疫情应急条例》等法律法规对重大动物疫情及时有效的预防、控制和扑灭做出了明确规定。2005 年以来，我国地方各级人民政府也相继制定并印发突发重大动物疫情应急预案，明确疫情是不是由病原引起、是由哪种病原引起的，才能根据疫病病原种类和疫病发生范围以及危害程度，启动相应级别的重大动物疫情应急预案，并制定相应的疫情处理措施。由于受到新出现的病原、病原变异、病原隐性感染、多病原混合感染或并发感染等因素的影响，近些年来，动物疫病的临床症状越来越复杂，仅依据特征性临床症状和病理变化已经很难对动物疫病做出确诊，还需结合流行病学调查、病原学和血清学诊断技术对疫病进行综合判断。后者主要包括对细菌、病毒等病原微生物的分离鉴定，常用的血清学病原检测技术有酶联免疫吸附试验（Enzyme Linked Immunosorbent Assay，ELISA）、免疫荧光技术（Immunofluorescence Technique，IF）、免疫组织化学技术（Immunohistochemistry，IHC）；常用的分子生物学检测技术有聚合酶链反应（Polymerase Chain Reaction，PCR）、实时荧光定量聚合酶链反应（Quantitative real-time PCR，qPCR）、基因测序分析等。另外，对于未知动物疫病，将分离培养的病原回归本动物是确诊动物疫病的重要依据。其次，对动物抗体水平的监测也有助于了解动物免疫情况，为后续免疫计划提供科学的参考依据。

（二）紧急监测指导疫情处置

世界动物卫生组织（OIE）在感染动物定义中，将病原检测技术指标作为主要依据，从动物或其产品中分离和鉴定出病原。另外，通过病原流行病学调查，进行溯源和追踪，明确最初暴发和可能暴发动物疫病的来源，且所有疫情符合流行病学关联，就能有效建立和划分控制区、缓冲区、保护区，为扑灭和控制动物疫病奠定基础。当确认发生重大动物疫情时，需对疫点、疫区和受威胁区的易感动物进行紧急监测，确认疫病的感染范围，同时要对发病动物或死亡动物及密切接触动物进行病原学检测和流行病学调查，追溯疫病源头，发现可能存在的疫情隐患，判断疫病发生趋势，这些都需要利用实验室诊断技术。先进的诊断技术在及时发现动物疫情、使疫病暴发风险最小化等方面具有非常关键的作用。

二、在动物疫病稳定和控制阶段的作用

疫苗免疫是稳定和控制动物疫病的关键环节，诊断技术在监测免疫效果中发挥了重要作用。常用的抗体检测技术有酶联免疫吸附试验、血凝抑制试验、病毒中和试验等，通过这些技术可为动物疫病发展变化趋势提供直接、可靠的依据，进而评价动物疫病控制策略或措施效果。

（一）科学评价免疫效果

抗体检测技术可以客观反映畜禽的抗体水平和免疫效果，指导畜禽养殖场合理科学免疫，避免免疫失败。畜禽群抗体水平合格率、抗体滴度均匀度、抗体维持时间等是评价免疫质量的重要内容。根据免疫抗体检

测结果制定科学的免疫程序、确定最佳免疫时间，可有效避免在动物机体特异性抗体处于高水平时接种疫苗，或避免人为削弱疫苗对动物免疫保护的效果；同时也可以避免在动物机体特异性抗体降至保护水平以下时进行免疫，避免出现人为的免疫空白期，从而诱发疫情。

（二）有效鉴别感染动物

随着疫苗的应用，也给感染动物检测和诊断增加了难度。弱毒疫苗在动物上使用后，发展了鉴别疫苗与致病病原毒株的检测技术。PCR 和实时荧光定量 PCR 检测技术可在基因水平上区分疫苗病原。此外，对致病病原的基因进行测序具有鉴别诊断意义；用基因缺失疫苗或标记疫苗免疫动物，然后检测感染抗体就能够鉴别免疫动物和感染动物。可以根据疫病种类的不同，联合运用多种不同的检测技术来达到评估动物疫病状态的目的。这样，能够实现及早发现病原是否进入畜禽群，以便采取相应的控制措施。

三、在动物疫病净化和根除阶段的作用

在疫苗免疫及生物安全等综合预防与控制措施作用下，动物疫病控制取得了显著效果，在仅发生零星动物疫病的情况下，动物疫病净化和根除就提到了议事日程。此阶段禁止弱毒疫苗的使用，防止因疫苗变异或重组形成新的致病病原，多数以灭活疫苗免疫进行疫病预防。同时，加强对感染动物的检测与扑杀也是根除疫病的重要措施之一。疫病净化措施因疫病种类、动物品种，以及进行疫病净化地区的实际情况不同而有很大差异，但都以动物疫病监测为主，采取综合措施，实施动物疫病净化和根除。

（一）对净化动物群体进行监测

由于饲养环境中可能存在着目标病原的污染，部分动物处于感染初期未被发现，因此，还需要对实施疫病净化的动物群体进行多次的监测

和淘汰。一方面采用抗体检测技术监测、评估免疫效果。另一方面，通过PCR、实时荧光定量PCR、病毒分离鉴定、免疫组织化学等病原诊断检测技术，对动物群体进行疾病检测。再有，病毒性疫病非结构蛋白抗体检测也能够鉴别感染动物，如口蹄疫非结构蛋白抗体检测等。这些诊断技术为及时清除隐性感染个体、控制和消除病原污染源提供了可靠依据。

（二）对无疫病区持续监测

要达到疫病净化的标准，关键是需保持一段较长时间的无发病和无感染状态，这就需要进行持续的动物疫病监测。2007年，世界动物卫生组织（OIE）制定了93种动物疫病无疫病标准，包括国家无疫病、区域无疫病、农场无疫病、畜群无疫病等标准，在动物疫病无疫病标准中主要依靠诊断技术检测与监测数据进行综合分析，最终进行确认。在这些无疫病标准中规定，不同动物疫病和感染，需要用不同诊断检测技术进行区分及鉴定。另外，需提供有效的证据证明区域内建立了有效的、符合法典规定的监测体系，并且按照法典规定的监测原则和指南实施特定疫病的持续性监测，通过监测证明无疫病或感染。因此，以诊断检测技术为基础的监测在OIE对无疫病区的评估中具有非常重要的作用。为此，制定科学的动物疫病监测计划，采取适宜的监测技术，利用科学有效的流行病学数据及历史监测数据，证明动物的疫病情况及净化效果显得尤为重要。

第二节 动物疾病检疫与诊断技术的发展与现状

近年来重大动物疫病频繁发生，流行形势日趋复杂，混合感染、继发感染成为疫病流行的新特点。疫病的复杂化也促使诊断技术呈现快速、高效、准确和高通量的发展趋势。这对提升我国重大动物疫病的监控能力，及时采取有效措施控制传染病向更大范围的流行发挥了重要的作用。同时，随着科学技术的不断发展，特别是新型分子检测技术的持续更新，兽医临床和实验室诊断技术的整体格局也发生了明显的变化。

动物检疫的方法主要包括临时检疫与实验室检疫。临时检疫是通过问诊、视诊、触诊、叩诊、听诊和嗅诊等方法，对动物进行检查，得到一般检查结果，分辨出健康家畜和病畜，这是产地检疫和基层检疫工作中常用的方法；实验室检疫又称试验检疫，是在临时检疫的基础上，由专门的检疫人员，将现场采集的检验材料在实验室内按照相关法定的检验检疫技术和检疫方法对动物疫病做出正确诊断，以确定该群动物是否患有法定检疫的疫病或携带有相关病原体，并按相关规定对受检疫的动物或动物产品进行处理，从而防止疫病的传播。临时检疫结果只能作为初步检疫结果（初步诊断），而实验室检疫结果才能作为最后检疫结果。实验室检疫在整个检疫过程中是至关重要的，随着科学技术的快速发展，一些先进的仪器设备、诊断技术方法不断涌现，使得实验室检疫技术水平得到不断提升。

现代生物技术在实验室检疫中已经得到广泛应用，为动物疫病的诊断、检测、监测、处理等提供了更为快速、准确和高效的技术与方法，大大地提高了动物检验检疫水平。实验室检疫技术目前主要包括病理学检疫技术、病原学检疫技术、免疫学检疫技术、分子生物学检疫技术等。现代生物技术主要体现在两个方面：1. 基于抗原—抗体反应的免疫学检疫技术。它的基础是抗原抗体的相互作用，这种反应可发生于体内，也可发生于体外，由于抗体主要存在于血清中，在抗原抗体的检测中多采用血清做试验，所以体外抗原抗体反应亦称为血清学反应（免疫血清学技术）。2. 基于病原检测核酸检测的分子生物学技术。分子检测技术因其是对病原复制过程的直接监控，可为动物疫病的诊断提供最为直接的证据，逐渐成为疫病诊断的主流技术。近年来，随着分子检测技术的不断发展，其检测呈现自动化、高通量的发展趋势。目前大多数动物疫病已建立了免疫学和分子生物学等多种检测方法，其中某些方法已被 OIE 制定为国际贸易中的标准方法。

一、免疫血清学技术

常规细菌疫病的诊断和检疫方法主要包括细菌分离培养、菌落培养特性、菌体染色镜检、生化试验等，与这些方法相比，免疫学技术快速、灵敏，不但可直接进行细菌种的鉴定，而且可鉴定种内的血清型和血清亚型，成为检疫动物细菌疫病的主导方法。免疫血清学技术可以分为非标记免疫技术和标记免疫技术两种。非标记免疫技术又称传统免疫反应，是利用抗原抗体反应后的理化性质变化对抗原抗体进行测定的方法，起源于 19 世纪，具有高度的特异性，但也存在着灵敏度不高、缺乏可供测量的信号等缺点。主要包括中和试验、凝集试验、沉淀试验、补体结合试验和变态反应。标记免疫技术是将抗原或抗体用标记物进行标记，在与样品中的相应抗原或抗体反应后，可以不必测定抗原抗体复合物本身，而测定复合物中的标记物，通过标记物的放大作用，进一步提高了免疫技术的敏感性，它是 20 世纪 50 年代以后兴起的技术，是现代最灵敏、应用最广泛的微量和超微量分析检测技术之一。

（一）非标记免疫技术

1．凝集反应

凝集反应是颗粒型抗原与抗体结合后，在一定浓度的电解质条件下，相互交联、凝聚的反应，包括间接凝集试验和间接凝集抑制试验。目前应用较多的如检测禽流感病毒各亚型抗体的血凝抑制反应和检测口蹄疫、猪瘟病毒抗体的正向间接血凝试验等。

2. 沉淀反应

可溶性抗原与相应抗体结合，在适量电解质存在下，形成肉眼可见的白色沉淀，是最早的免疫技术方法，有环状沉淀试验、絮状沉淀试验等。

3. 免疫扩散

免疫扩散利用抗原抗体在凝胶中的扩散，在比例适当的位置形成明显的沉淀线。如琼脂扩散反应（AGID）在检测禽流感、马传染性贫血等动物疫病中较为常用。

4. 免疫电泳

免疫电泳是将凝胶电泳与双向免疫扩散相结合的方法。各组分因电泳迁移率不同而分成区带，然后抗原抗体相互扩散形成沉淀线，包括对流免疫电泳、火箭免疫电泳等。近年来还有一种将电泳技术与色谱技术完美结合的高效毛细管电泳技术，在免疫诊断方面有广泛的应用。

5. 免疫浊度

抗原抗体结合后形成的复合物，在特定缓冲液中极易从液相中析出，浊度的变化与抗原或抗体的量成正比，是一种微量免疫沉淀测定法。

6. 有补体参与的试验

补体是机体非特异性免疫的重要因素，参与的反应分为两类：一类是补体被激活后直接引起反应；另一类是补体与抗原抗体复合物结合后引起的反应。补体反应不引起可见反应，但可用指示系统测定补体是否已被结合，从而间接地检测反应系统是否存在抗原抗体复合物。如检测布鲁菌病的补体结合试验（CBT）。

7. 中和试验

病毒与相应中和抗体结合后，使病毒失去吸附细胞的能力或抑制其侵入和脱壳，因而丧失感染力，此反应具有严格的种、型特异性，且可以测定中和抗体效价。如病毒中和试验（VN）、蚀斑减少中和试验（PRN）等。

8. 变态反应

在活体内进行的抗原抗体反应，在皮内注射抗原，致敏动物局部肿大，如结核菌素皮试试验。

（二）免疫标记技术

免疫标记技术由于在检测体系中引入了不同类型的标记物，能追踪抗原抗体结合物，并通过化学或物理的手段使不可见的反应转化为可见、可测知、可标记的光、色等信号，使得灵敏度极大提高，同时检测的方法和类型也有了更多的变化。经典的免疫标记技术有发光免疫技术（免疫荧光技术、化学发光免疫技术）、放射免疫技术、酶联免疫技术。近年来又发展了胶体金标记免疫技术、免疫印迹技术等常用的免疫标记技术。它有两类应用范围，一类是用于组织切片或其他标本中抗原或抗体定位的免疫组化技术（如免疫荧光技术和酶免疫技术均可进行抗原定位）。另一类是用于液体样品中抗原抗体的微量测定的免疫测定（IA），亦称为免疫分析。

1. 免疫标记技术原理概述

（1）放射免疫技术（RIA）于 1960 年由 Yalow 等建立。其基本原理是应用放射性同位素标记抗体 / 抗原，与相应的抗原 / 抗体竞争性结合，通过测定抗原抗体结合物的放射活性判断结果，可进行超微量分析，敏感性高。

（2）免疫荧光技术（FIA）于 1950 年由 Coons 等建立，其基本原理是以不影响抗原抗体活性的荧光素标记在抗体 / 抗原上，与相应的抗原 / 抗体结合后，在荧光显微镜下呈现一种特异性荧光感应。荧光素是具有共轭双键体系结构的化合物，当接收紫外光等照射时，有低能量级的基态向高能级跃迁，形成电子能量较高的激发态。当电子从激发态恢复至基态时，发出荧光。传统 FIA 利用标记特异抗体对组织切片等进行固相荧光染色，在荧光显微镜下分析荧光状态，从而发展建立了各种免疫荧光测定法。如荧光偏振免疫技术（FPIA），用于定量测定体液中抗原或抗体。20 世纪 80 年代在普通荧光标记基础上发展了新技术——时间分辨荧光技术（TRFIA）。

（3）酶免疫技术（EIA）是 20 世纪 60 年代在免疫荧光和组织化学基础上发展起来的一种技术，最初用于组织中的抗原定位。后于 1971 年由

Engvall 和 Perlmann 发展为检测体液中微量物质的固相免疫测定方法——酶联免疫吸附测定（ELISA），此项技术堪称血清学试验的一场革命。其基本原理是先将已知的抗体或抗原结合在某种固相载体上并保持其免疫活性，将待检样品和酶标抗原或抗体按不同步骤与固相载体表面吸附的抗体或抗原发生反应，洗涤分离抗原抗体复合物和游离成分，然后底物显色，根据颜色深浅进行定性或定量检测。

（4）化学发光免疫技术（CLIA）是继 RIA、FIA、EIA 之后发展起来的免疫测定技术，包含两个部分，即化学发光系统和免疫反应系统。前者利用化学发光物质吸收了反应过程中所产生的化学能，使反应的产物分子或反应的中间态分子中的电子跃迁到激发态。当电子从激发态回复到基态时，以发射光子的形式释放出能量。近年来的发展实现了微磁粒子标记、仪器自动化和智能化，被称为第三代免疫分析技术，20 世纪 90 年代后期又在 CLIA 基础上发展了电化学发光免疫分析技术（ECLIA）。

免疫标记技术有三个关键环节：抗原或抗体制备与生产、标记物与标记方法、分析信号检测。前者关乎免疫标记技术的特异性、敏感性，后两者主要与敏感性有关。由于标记物及相应分析信号检测的不同，灵敏度也有所不同。就敏感性而言，由于 RIA 使用的是放射性标记物，不仅有效期短，且需要防护和防止污染，难以实现操作和测量的自动化等，而非放射性同位素标记的免疫技术克服了这些缺陷。

2. 免疫标记技术的应用

免疫标记技术发展的方法与类型较多，目前在兽医临床诊断方面广泛应用的免疫标记技术包括：酶联免疫吸附测定、胶体金标记免疫技术、免疫印迹技术等。这些技术具有快速、简便的特点，但敏感性稍低，目前多用于定性检测。

（1）酶联免疫吸附测定（ELISA）。经过近四十年的发展，ELISA 技术已日趋成熟。目前应用普遍的普通 ELISA 方法主要有检测抗体的竞争 ELlSA（阻断 ELISA）、间接 ELISA 和检测抗原的抗原捕获 ELISA。ELISA 技术作为免疫学检测技术的一个分支，同时具有测定病原标本中的抗原或抗体成分的特点，而且由于方法具有敏感性高、特异性强等特点，也使它在各种疾病的血清学检测中普遍使用。除普通 ELISA 外，还衍生了一系列多种类型的 ELISA 技术，如：放大 ELISA，是以生物素－亲和素系统为代表，利用 1 个亲和素分子能与 4 个生物素分子结合的特点，放大了检测信号，以纤维素膜代替常规 ELISA 中常用的聚苯乙烯酶标板为载体的一种新型免疫检测技术（已经商品化，Dot-ELISA），简便、快速、经济、敏感；ELISPOT，结合了细胞培养技术与 ELISA 技术，能够在单细胞水平检测细胞因子的分泌情况。

（2）胶体金标记免疫技术（CGMIA）。胶体金标记免疫技术在 20 世纪 70 年代初期由 Faulk 和 Taylor 始创，最初用于免疫电镜技术，其特点是以胶体金（氯金酸在还原剂作用下聚合成为特定大小的金颗粒，并由于静电作用成为一种稳定的胶体状态）作为标记物。在过去的十多年中，基于膜基础上的侧向层析和渗透层析快速诊断技术为免疫金标试剂开创了巨大的市场份额。该技术制备的胶体金试纸条具有灵敏度高、特异性强、操作简便、检测快速、准确等显著优点，是生物产业化最成功的产品之一。

（3）免疫磁珠分离技术（IMBS）。IMBS 是利用可作为抗原或抗体载体的磁珠与相应标本中的抗体或微生物抗原进行特异性结合的特性，形成抗原－抗体－磁珠或抗体－抗原－磁珠复合物，上述各种复合物可在磁场的作用下与标本其他成分分离，从而达到分离、纯化等目的的一种技术手段。IMBS 作为分离病原微生物的一项高效率的技术，已被多种实验方法证实其有效性，目前已设计出了针对各种大肠埃希菌、李斯特菌、结合分枝杆菌、布氏杆菌等的免疫磁珠，广泛应用于各类检验检疫实验室，同时 IMBS 还可以和其他检测技术联合检测病原菌。

（4）免疫印迹技术。免疫印迹结合了凝胶电泳的高分辨率和免疫化学检测的高特异性，是鉴定感染动物抗体识别的优势抗原表位的工具，该技术需要实验仪器支撑。其他诊断方法的假阳性和假阴性结果问题用免疫印迹法就能克服。

（三）新型血清学技术

除目前已在临床诊断上应用的一些传统技术和新技术外，为发展简便和高灵敏度的免疫学诊断方法，免疫标记技术已经成为一个多学科交叉的新型分析技术。通过与其他领域技术（如微电子技术、计算机芯片技术、新材料技术等）的各种联用模式，不断创造出新技术，虽然这些技术尚处于研究阶段，未能广泛应用于临床，但它们在检测的灵敏性、自动化和特异性等方面明显优于传统的诊断方法，一旦关键技术难点得到解决，其应用前景是十分令人期待的。

1. 与分子生物学技术的联用

免疫学方法也可与分子生物学方法结合起来，这将是快速检测技术的发展方向之一。免疫 PCR（Immuno-PCR）是 1992 年 Sano 建立的一种检测微量抗原的高灵敏度技术，该技术把抗原抗体反应的高特异性和聚合酶链反应的高敏感性有机结合起来。其本质是一种以 PCR 扩增一段 DNA 分子代替酶反应来放大抗原抗体结合率的一种改良型 ELISA。免疫 PCR 主要由两个部分组成。第一部分是类似于普通 ELISA 的抗原抗体反应，第二部分即常规的 PCR 扩增和电泳检测。其关键之处在于用一个连接分子将一段特定的 DNA 连接到抗体上，在抗原和 DNA 之间建立相应关系，从而将蛋白质的检测转为对核酸的检测。目前连接分子主要包括链霉亲和素 -A 蛋白嵌合体、亲和素系统、聚乙烯亚胺等。免疫 PCR 是迄今最敏感的一种抗原检测方法，比现行的 ELISA 法高 10^2~10^8 倍，理论上可以检测单个抗原分子，但目前该技术尚未完全成熟。免疫 PCR 过程中的每一环节都影响它的敏感性和特异性。因此探索最佳反应条件，简化步骤，降低费用，实现标准化，商品化生产，使之易于在基层推广至关重要。PCR-ELSIA 是一种 PCR 定量技术，在 PCR 扩增以后，在微量板上借用 ELISA 的原理，使用酶标抗体，进行固相杂交来实现定量。相对于凝胶光密度定量，无论是灵敏度、特异性、准确度上都有很大地提高，能满足临床要求。且对仪器要求较低，只要有扩增仪和酶标仪就可以进行。但此技术相对于探针荧光分析，无论是灵敏度还是特异性上都有差距。

2. 与传感器技术的联用

免疫传感器是将高灵敏度的传感技术与特异性免疫反应相结合，用以监测抗原抗体反应的生物传感器。其工作原理和传统的免疫测试法相似，是将抗原或抗体固定在固相支持物表面来检测样品中的抗体或抗原。传统免疫测试法只能定性或半定量，不能对整个免疫反应过程的动态变化进行实时监测，而免疫传感器能将输出结果进行数字精密化，不但能达到定量检测的效果，也能实时监测到传感器表面的抗原抗体反应，有利于对免疫反应进行动力学分析，促使免疫诊断方法向定量化、操作自动化方向发展。免疫传感器的检测效果往往取决于所用换能器的精确度和稳定性。根据换能器的种类，可分为光免疫传感器、电化学免疫传感器、压电晶体免疫传感器、热免疫传感器、光导纤维型免疫传感器等。随着科技的发展，免疫传感器会逐步由小规模制作转变为大规模批量生产，从而应用于临床诊断。

3. 与芯片技术的联用

蛋白质芯片是继基因芯片之后发展起来的，具有高通量、微型化、集成化等特点，作为检测蛋白质存在和变化的高效工具，为蛋白质组学的研究提供新的有力工具。蛋白质芯片是指以生物分子作为配基，将其固定在固相载体的表面，形成蛋白质微阵列（protein microarray）。主要包括四个基本要点：芯片阵列的构建、样品的制备、芯片生化反应、信号检测及分析。首先将蛋白质按设计的阵列方式点印在介质上，样品蛋白质与芯片反应，然后用经标记的蛋白质与芯片－蛋白质复合物结合，通过激光共聚焦显微镜和电荷耦合器（CCD）照相机对标记信号进行扫描分析，联合应用双向凝胶电泳、表面增强激光解析离子化飞行时间质谱或串联质谱，还可以对蛋白分子进行定量分析。蛋白质组学能在蛋白质水平上为疾病过程揭示全景图，其在传染病诊断上的应用目前还处于初始阶段，可用于鉴定新的诊断抗原。

（四）免疫学技术在动物检验检疫中的应用

1. 病原菌的检测

目前，已建立了多种病原菌及其毒力基因、耐药基因的检测方法，且已有很多公司研究开发了一系列免疫检测试剂盒，能够检测链球菌杆菌、大肠杆菌、沙门氏菌、金黄色葡萄球菌等多种病原菌。

2. 病毒的检测

在病毒病诊断和检疫过程中，ELISA、VN 等免疫学技术已作为指定诊断方法或参考诊断方法广泛应用于病毒性传染病的诊断和检疫中，如禽流感病毒、猪圆环病毒、新城疫病毒、猪伪狂犬病毒等的免疫学检疫方法已建立，大大提高了检疫的效率。

3. 寄生虫病的免疫学诊断

寄生虫病的免疫学诊断，使得寄生虫在粪便、尿液或血液中的检出率大大提高。目前，ELISA、IFA 等免疫学技术已成功应用于寄生虫病的诊断和检疫中，国内外已将 ELISA 广泛应用于寄生虫病免疫学诊断中，并制备出多种商品试剂盒。

二、分子生物学技术

自 1987 年 PCR 技术应用于疫病诊断以来，动物疫病分子检测技术获得了迅速的发展，并有望成为疫病诊断新的金标。其优势：首先是快速，在样品采集后 0.5~24 小时内可获得结果，有利于疫病暴发后的及时诊断，使疫情迅速得以控制；第二是敏感，其检测灵敏度可达到几个拷贝，可用于对一些潜伏感染或者亚临床感染样品的检测；再次是有良好的特异性，为构建同时检测几种病原的多重检测技术奠定了基础，适合于对混合感染或继发感染的检测；最后，分子检测还可用于对病原的分析。传统的分子检测技术以基因扩增为主，包括核酸杂交技术、常规 PCR、荧光 PCR、多重 PCR 等技术，近年来分子检测技术已逐步向自动化和高通量的方向不断发展。

（一）核酸杂交技术

该技术是目前分子生物学中应用广泛的技术之一。由于具备灵敏度高、特异性强、实用性好等优点，已成为多种动物疫病诊断的常规方法。核酸杂交主要是利用特异性标记 DNA 片段为指示探针，与互补链退火杂交，从而实现核酸样品中特定基因序列的检测。核酸杂交种类繁多，根据探针来源和性质可分为 DNA 探针、cDNA 探针、RNA 探针及人工合成寡核苷酸探针等；根据杂交方式可分为斑点杂交、原位杂交、Southern 印迹杂交等，其中斑点杂交和原位杂交在动物病原检测中最为常用。

（二）聚合酶链式反应技术

聚合酶链式反应（PCR）又称体外基因扩增技术。其基本原理类似于 DNA 的天然复制过程，由变性、退火、延伸三个基本反应步骤构成。PCR 方法不仅检测时间短、灵敏度高，还可以检出一些依靠培养法不能检测的微生物种类，一般实验室可检出 10~100 个基因拷贝。PCR 技术自 1985 年发明以来不断得到发展和完善，衍生出了各种 PCR 方法和技术。在检测中也出现了多种形式的 PCR 检测技术，如常规 PCR、多重 PCR、套式 PCR、荧光 PCR 等。这些技术显著提高了常规 PCR 的灵敏性和特异性，促进了疫病的早期诊断。

1. 常规 PCR

常规 PCR 诊断原理是根据所设计的引物对样品 DNA 进行 PCR 扩增。通过对 PCR 产物进行琼脂糖凝胶电泳，观察有无特异性目的片段条带出现，以此来检测样品中是否含有病原 DNA。对于 RNA 病毒，则需要采用 RT-PCR 检测，一般过程为：引物设计→ RNA 提纯→ cDNA 合成→ PCR 扩增及产物电泳。目前，几乎所有常见的动物疫病均已建立了相应的 PCR 诊断技术。

2. 多重聚合酶链反应

1988 年由 Chamberian 等首先提出这一概念，所谓多重 PCR（MPCR）就是在同一个 PCR 反应管中加入针对不同病原的多对引物，实现一次反应可同时检测几种病原，结合一定的检测技术对扩增产物进行检测，从而实现对多个靶目标进行扩增的诊断技术。该技术具有高效、高通量、低成本、快速等特点，但由于在反应中需加入多条引物，引物之间会存在相互干扰，从而直接影响检测的敏感性和特异性，同时 PCR 技术的自动化程度较低也限制了其多重检测技术的发展。目前，该技术已被广泛应用于科学研究和疾病诊断等领域。

3. 套式 PCR

套式 PCR 也称巢式 PCR 或嵌合 PCR，是指利用两套 PCR 引物对模板进行两轮 PCR 扩增反应。在第一轮扩增中，先用外引物对模板进行扩增，第一轮扩增产物在内引物下进行第二轮扩增。由于套式 PCR 反应有两次 PCR 扩增，从而降低了扩增多个靶位点的可能性，增加了检测的敏感性；又有两对 PCR 引物与检测模板的配对，增加了检测的可靠性。2018 年，国家标准 GB/T35942−2018 规定了隐孢子虫套氏 PCR 检测方法，该方法适用于动物的隐孢子虫感染检测、流行病学调查和出入境检疫。

4. 实时荧光定量 PCR 技术

定量 PCR 是 1996 年由美国 Applied Biosystems 公司推出的一种新定量试验技术，它是通过荧光染料或荧光标记的特异性探针，对 PCR 产物进行标记跟踪，实时在线监控反应过程，结合相应的软件，可以对产物进行分析，计算待测样品模板的初始浓度。实时荧光定量 PCR 的出现，极大地简化了定量检测的过程，而且真正实现了绝对定量，为研究病毒的复制水平和致病性研究提供了可靠的技术支持。与普通 PCR 相比无需凝胶电泳即可判定试验结果，具有敏感性高、特异性强、操作简单、定量精确等优点。研究表明，每个模板的 Ct 值与该模板起始拷贝数的对数存在线性关系，起始拷贝数越多，Ct 值越小。因此，只要获得位置样本的 Ct 值，即可从标准曲线上获得该样品的起始拷贝数。我国根据该技术建立了一些检测标准，如：H5 亚型禽流感病毒荧光 RT-PCR 检测方法（GB/T 19438.2-2004）、H7N9 亚型禽流感病毒双重实时荧光 RT-PCR 检测方法（T/CVMA 13-2018）、非洲猪瘟病毒实时荧光 PCR 检测方法（T/CVMA5-2018）、猪繁殖与呼吸综合征病毒荧光 RT-PCR 检测方法（GB/T 35912-2018）等。

（三）限制性酶切技术

限制性酶切技术是指限制性酶消化产物在电泳图谱或 Southern 杂交中产生的一系列带纹，根据带纹的不同实现病原微生物的检测。限制性酶切技术主要包括：限制片段长度多态性、随机扩增的多态性 DNA 和扩增片段长度多态性。限制性酶切技术不仅可以用于病毒检测，还可用于不同病毒间 DNA 序列的同源性比较，实现病毒的基因分型和鉴定。

（四）基因芯片技术

基因芯片又称 DNA 芯片（DNA-chip）、DNA 阵列（DNA arrays）、寡核苷酸芯片（Oligonucleotide microchip），是指将许多特定的寡核苷酸片段或基因片段作为探针，有规律地排列固定于支持物上，然后与待测的标记样本的基因按碱基配对原理进行杂交，再通过激光共聚焦荧光检测系统等对芯片进行扫描，并配以计算机系统，对每一探针上的荧光信号作出比较和检测，从而迅速得出所有的信息。传统的微生物检测方法成本高、速度慢、操作烦琐，分子生物学和免疫学技术使检测效率大大提高，但缺点是一次实验往往只能针对一种或少数几种病原体，不能满足同时快速检测多种病原体的需要。基因芯片技术迅速崛起，在病原微生物的检测方面，可以在一张芯片上同时对多种病原菌进行自动化快速检测，使用样品量极少，降低了试剂的消耗，特异性及灵敏度较高，体现出了高通量、高效率的优势，一张芯片一次可以对多种微生物进行全面、系统的检测与鉴定，而且操作简便、快速。目前一些诊断试剂也已得到 FAO 和欧盟的批准与应用，针对不同的目的，寡核苷酸芯片的种类有很多，但通常使用的是通过固定寡核苷酸的生物芯片与标记的生物样品进行杂交，实现定性和定量分析。应用生物芯片检测主要涉及四个基本要素：芯片构建、样品制备、杂交反应和信号检测。芯片技术应用于诊断其主要的优点是高度的自动化、快速简便、可同时检测多种疾病。早在 2004 年，我国就采用基因芯片对转基因产品进行检测（GB/T 19495.6−2004），主要包括对转基因产品的基因筛选，物种结构特异性基因、品系基因的检测；制定了动物流感检测 A 型流感病毒分型基因芯片检测操作规程（GB/T 27537−2011），该规定适用于口岸样品中 A 型流感病毒全部亚型（H1−H16，N1−N9）的筛查。

（五）核酸恒温扩增技术

核酸恒温扩增技术是近些年发展起来的一种新型扩增技术，与传统的 PCR 扩增技术不同，恒温扩增技术最大的特点就是扩增反应的全过程，除初始反应杂交外，均在单一的温度下进行，从而使其对仪器设备的需求大大简化，只需一台水浴锅即可完成整个试验过程，同时其反应时间缩短，结果可通过肉眼观察，使其成为一种非常适合于现地检测的技术。也正因为恒温扩增技术潜在的巨大应用前景，在发明不久之后，就出现了多种形式的恒温扩增技术：如核酸序列扩增技术（NASBA）、转录酶扩增技术（TMA）、滚环扩增技术（RCA）、链置换扩增技术（SDA）、环恒温扩增技术（LAMP）、解链酶扩增技术（HDA）等。最为成熟的是 LAMP，在 65 ℃左右对核酸进行等温扩增，其扩增产物可通过白色焦磷酸镁沉淀的产生与否判定。早在 2004 年的国家标准 GB/T19440−2004 中就规定了核酸等温扩增技术快速监测禽流感的材料准备、操作方法和结果判定，及该方法适用于禽类、禽肉产品中所有亚型禽流感病毒的快速检测、诊断。2004 年 4 月 30 日，辽宁省市场监督管理局发布非洲猪瘟病毒等温扩增快速检测方法（DB21/T 3256−2020），该技术适用于非洲猪瘟疾病的诊断、监测及流行病学调查。

第三节　发展趋势与前景展望

一、血清学诊断技术发展趋势

（一）技术发展趋势

通过研究各种免疫学技术与其他领域技术的联用，达到提高特异性、敏感性和实现多组分检测的目的。

1．提高特异性

提高特异性主要依赖于获得高纯度的抗原和抗体。一是利用重组DNA技术，包括采用原核表达系统、酵母表达系统、哺乳动物表达系统，开发出多品种、高亲和力、特异性强的重组抗原。二是利用杂交瘤技术、噬菌体展示技术，开发出特异性强、均一性和生物活性单一性好的单克隆抗体。

2．提高敏感性

除了如前所述应用高分辨率的标记物和检测仪器外，还需提高抗原/抗体与载体结合以及将免疫复合物与游离物分离的效率。

在过去30年间的免疫诊断研究中，唯一持续改变的焦点就是用于抗体结合的表面。传统的结合表面载体包括两种：由不同聚合物（聚氯乙烯、聚碳酸酯、聚苯乙烯及上述材料的改良配方）制成的微量滴定孔，主要用于ELISA；用于横流层析试验的各种硝酸纤维素、聚乙烯亚胺和玻璃板，主要用于胶体金免疫技术、免疫印迹。近年来，结合各种材料技术的发展，越来越多开始采用其他表面材料（如微粒）生产商品化的测定产品。这是因为这种表面能够更为及时地产生结果，并且有助于提高灵敏度和达到信号放大效果，包括免疫微粒技术、免疫脂质体技术、纳米技术。

在分离技术方面，主要有流动注射技术、毛细管电泳技术、控温相免疫分析等，可以减少进样量、加快进样速度、缩短分离时间。

3. 实现多组分检测

同分子生物学一样，免疫学技术也要求能够用同一份样品同时测定两种或两种以上物质。由于抗体的特异性，一种抗体一般只能检测一种抗原，当进行多组分免疫分析时，就需要使用多种抗体。目前主要有多探针标记法和多组分定位包被空间分辨分析法两种设计。

（二）应用发展趋势

一方面，高度集成、自动化的仪器诊断技术以 ELISA（全自动酶免工作站）、CLIA（全自动化学发光免疫分析仪）为代表，可实现大规模操作。尤其是 CLIA 灵敏度高、特异性强，可用于半定量和定量分析。随着生产开发的成熟和成本的降低，将成为免疫试剂的重要发展方向之一。

另一方面，简单、快速便于普及的快速诊断技术以胶体金标记技术为代表，操作简单、快捷，可用于现场的快速检验。

二、分子检测技术的发展趋势

伴随着分子检测技术的不断发展，其在动物疫病防控中的应用范围和作用也逐渐增加，逐步向高通量、自动化、基层使用的方向快速发展，实现了在生物信息学、遗传分析、分子流行病学等多个方面的应用。

（一）技术发展趋势

1. 高通量

分子检测技术的发展为动物疫病的多重诊断创造了技术条件。当前引起畜禽相似症状的病原日益复杂，同时多种病原混合感染和隐性感染又普遍存在，原有的疫病检测技术相对单一，难以全面、真实地反映畜禽感染状态，基于多重 PCR 和多重荧光 PCR 的诊断技术成为研究的一个热点。多重诊断技术主要具有以下的优点：首先，一次反应同时检测多种病原；其次，适用于混合感染、多重感染的诊断；再次，适合于未知感染的筛查和快速确诊。如多重 PCR、多重荧光 PCR 和生物芯片等技术，目前欧盟的几家实验室将 8 种 OIE 列表的感染猪的重要病毒按不同的症状分别建立了相应的多重 PCR 或荧光 PCR 技术，这也是多重诊断技术发展的一个典型。

2. 自动化

随着核酸提取、加样检测和分析三个环节自动化不断地发展，如核酸自动提取仪、点样仪和自动分析装置等的研制，样品的处理量、提取的稳定性和自动化程度都有显著提高，最终将实现分子检测技术的全自动化。虽然目前这些仪器的价格昂贵、体积较大，但随着技术的普及和成本的下降，在临床实验室的应用只是时间问题。

3. 现地使用

随着检测成本下降、技术便捷，适合于基层或现地使用的检测技术将成为未来检测技术发展的一个趋势。动物疫病现场和基层诊断技术的发展有助于在疫病发生的源头及时做出诊断和防控。目前国内外出现的多种新型诊断技术使得实现这一目的成为可能。如 2000 年出现的 LAMP，无需特殊的设备，仅靠肉眼观察即可完成判定，对操作人员的要求较低，经过简单的培训就会使用，是一种适合于在基层和现地使用的新型技术。同时，随着适用型诊断技术的发展，临床检测样品的数量和种类、覆盖面也会不断增加，将使动物疫病的监测更为翔实。

4. 精密化

序列分析不仅可以实现临床样品的检测，同时有助于对病原致病性和生物学特征的分析，是目前分子诊断技术中最为可靠、最为精密的一种技术。随着新一代测序平台的完善，对临床样品的采集、核酸提取、诊断有望与序列分析实现直接结合，进而将获得的序列直接上传网络信息资源库，实现病原和流行的综合分析，从而更为准确、详细地提供疫病诊断结果，这也是诊断发展的趋势。

（二）应用发展趋势

1. 分子信息学

生物信息学是动物疫病诊断网络化发展的重要成果，是以计算机和网络为工具的生物信息存储、检索和分析的科学，通过这些网络信息资源，比如流感信息网、OIE 的世界动物卫生数据库等，不仅可为分子诊断技术的研制和建立提供资源，用于引物和探针的设计和分析，同时也有助于对现有诊断技术的有效性进行评价。建立针对不同疫病的生物信息网站，将成为疫病分子检测技术发展的一个重要方向。

2. 分子流行病学

早期快速的诊断是动物疫病防控的关键所在，现代分子检测技术在实现诊断和鉴别诊断的同时，也被广泛应用于疫病的流行病学调查和病原分析等方面。在分子流行病学方面，对病原核酸进行测序，并与 GenBank 登陆的序列进行比对和进化树分析，可以有效实现对病原遗传特征的研究，用于病原的溯源分析，如通过对美洲型和欧洲型猪繁殖与呼吸综合征病毒的遗传研究，认为它们起源于欧洲东部的共同祖先；此外，还可以用于对疫病毒株的分析，对疫病传播范围和传播途径的研究。此外，最为重要的一个方面是，序列分析还可以用于病原变异的研究，进而揭示病毒致病性和流行发展趋势，为动物疫病的科学防控提供技术支持。

主要参考文献

[1] 王晓囡. 多重聚合酶链式反应技术研究和应用[D]. 苏州：苏州大学，2018.

[2] HIGUCHI R，DOLLINGER G，WALSH P S，*et al*. Simultaneous amplification and detection of specific DNA sequences[J]. Bio/technology（Nature Publishing Company），1992，10（4）：413–417.

[3] NOTOMI T，OKAYAMA H，MASUBUCHI H，*et al*. Loop-mediated isothermal amplification of DNA[J]. Nucleic acids research，2000，28（12）：63.

[4] HARRY T，THEOPHIL S，JULIAN G. Electrophoretic Transfer of Proteins from Polyacrylamide Gels to Nitrocellulose Sheets: Procedure and Some Applications[J]. Proceedings of the National Academy of Sciences of the United States of America，1979，76（9）：4350-4354.

[5] LÖLIGER C，SCHADE H，HOHL-TAHERI M，*et al.* Evaluation of the immunomagnetic beads separation technique as a routine method for HLA typing[J]. Beitrage zur Infusionstherapie = Contributions to infusion therapy，1990，26:329-332.

[6] SANO T，SMITH C L，CANTOR C R. Immuno-PCR: very sensitive antigen detection by means of specific antigen detection by means of specific antibody-DNAconjugates[J]. Science，1992，258（5079）: 120-122.

[7] FAULK W P，TAYLOR G M. An immunocolloid method for the electron microscope[J]. Immunochemistry，1971，8（11）：1081-1083.

[8] 赵协，安利民，高沙沙，等.化学发光免疫分析技术在动物疫病检测中的应用[J]. 中国动物检疫，2020，37（8）: 82-87.

[9] 职爱民，余曼，乔苗苗，等.免疫技术在动物源性食品快速检测中的研究进展[J]. 肉类研究，2019，33（5）: 60-66.

[10] MARDIS E R. The impact of next-generation sequencing technology on genetics[J]. Trends Genet，2008，24（3）: 133-141.

[11] EYRE D W，SHEPPARD A E，MADDER H，*et al.* A Candida auris outbreak and its control in an intensive care setting[J]. N Engl J Med，2018，379（14）: 1322-1331.

[12] GABALDÓN T. Recent trends in molecular diagnostics of yeast infections:from PCR to NGS[J]. FEMS Microbiol Rev，2019，43（5）: 517-547.

[13] LI J，MACDONALD J. Advances in isothermal amplification: novel strategies inspired by biological processes[J]. Biosensors and Bioelectronics，2015，64: 196-211.

[14] PIEPENBURG O，WILLIAMS C H，STEMPLE D L，et al. DNA detection using recombination proteins[J]. PLoS Biol，2006，4（7）: e204.

[15] 吕春华，舒展，漆月，等.胶体金免疫层析技术在兽医领域的应用[J]. 中国畜禽种业，2015，11（11）: 44–46.

[16] 朱彤波. 医学免疫学[M].成都：四川大学出版社，2017.

[17] 刘瑶，田亚平. 免疫标记技术的现状和发展[J]. 中华临床医师杂志（电子版），2013，7（8）: 3536–3539.

[18] 庄向婷，白军，张振仓. 新型分子诊断技术在动物疫病检测中的应用与发展[J]. 畜牧与饲料科学，2018，39（6）: 108–112.

[19] 邱实，刘芳，袁晓红，等. 蛋白芯片应用研究进展[J].食品科学，2014，35（17）：332–337.

[20] 姜睿姣，张鹏飞，朱光恒，等. 非洲猪瘟检测技术进展[J]. 病毒学报，2019，35（3）: 523–532.

第二章 病原分离与鉴定技术

第一节　细菌分离与鉴定技术

一、细菌的分离、培养

（一）细菌的分离

在自然界中存在各种微生物，其中在普通动物肠道内约有 200 种正常菌群，即使取少量的样品也有许多微生物共存的群体。不同的细菌具有不同的生理特征，人们要研究或应用某种微生物，首先需使其成为纯培养物（即由一个单细胞生长、繁殖形成的细胞群体），一般采用无菌操作技术挑取微生物的单细胞进行培养并获取纯培养物，但此法对仪器和操作技术要求较高，且在科学研究中应用较多。实践中常以平板划线法、涂布平板法和倾注平板法进行细菌分离，在固体培养基表面获得纯培养物。细菌分离培养的基本步骤为：根据目标菌株的生长特性进行培养或直接从病料中（病变组织、唾液、粪便等）分离，再将可疑菌落进行纯化培养。

（二）细菌的培养

细菌培养就是为细菌生长繁殖提供所需要的基本条件，使目的菌生长、繁殖及做进一步研究。人工培养细菌，除了提供充足的营养物质外，还需合适的 pH 值、营养物质、温度及必要的气体环境。根据细菌菌落的形态、生长特性、营养的特殊需求和代谢产物等可以初步鉴定细菌。最后，通过分子手段，如：PCR、qPCR 技术对细菌的基因型、毒力基因及耐药基因进行确定。自然界中，细菌种类不同，其生长条件也不同，部分细菌对气体环境要求较严格。一般细菌在普通环境下即可生长繁殖，而一些厌氧菌则必须在无游离氧或氧浓度极低的条件下才能存活，且有氧分子的存在会影响其生长。目前，根据物理、化学、生物等原理建立了各种厌氧微生物的培养技术（Hungate 技术），有些操作较烦琐且对实验仪器（厌氧培养箱）的依赖也较高。对于那些对厌氧环境要求相对较低的厌氧菌，可采用一些简便的方法进行培养，如碱性焦性没食子酸法、厌氧生物袋法、庖肉培养基法等无需特殊的设备，操作简单，可迅速建立厌氧环境。碱性焦性没食子酸法的原理是焦性没食子酸与碱溶液（如 NaOH）作用后形成易被氧化的碱性没食子盐，能通过氧化作用形成黑色、褐色的焦性没食橙，从而除掉密封容器中的氧，造成厌氧环境。厌氧生物袋法是利用一定方法在密闭的厌氧生物袋中生成一定量的氢气，而经过处理的钯或铂可作为催化剂催化氢与氧化合形成水，从而除掉罐中的氧而造成厌氧环境。适量的二氧化碳（2%~10%）对大多数厌氧菌的生长有促进作用，在进行厌氧菌的分离时可提高检出率。庖肉培养基法的基本原理是将精瘦牛肉或猪肉经处理后配成庖肉培养基，其中既含有易被氧化的不饱和脂肪酸吸收氧，又含有谷胱甘肽等还原性物质形成负氧化还原电势差，再加上将培养基煮沸驱氧及用石蜡凡士林封闭液面，以隔离空气中的游离氧进入培养基，从而形成良好的厌氧条件。碱性焦性没食子酸法和厌氧生物袋法主要用于厌氧菌的斜面及平板等固体培养，庖肉培养基法则主要用于对厌氧菌的液体培养。

二、细菌的生化特性鉴定

（一）碳水化合物代谢试验

1. 糖（醇、苷）类发酵试验

利用生物化学方法鉴别不同细菌称为细菌的生物化学试验或称生化反应，在所有细胞中存在的全部生物化学反应称为代谢。代谢过程主要是酶促反应过程，具有酶功能的蛋白质多数存在于细胞内，许多细菌产生胞外酶（exoenzymes），这些酶从细胞中释放出来，以催化细胞外的化学反应。不同种类的细菌，由于其细胞内新陈代谢酶系不同，因而对底物的分解能力也不同，对营养物质的吸收利用、分解排泄及合成产物的产生等都有很大差别。因此，检测某种细菌能否利用某种（些）物质或某种（些）物质的代谢合成产物，就可鉴定出细菌的种类。不同种类细菌含有发酵不同糖（醇、苷）类的酶，因而对各种糖（醇、苷）类的代谢能力也有所不同，即使能分解某种糖（醇、苷）类，其代谢产物也可因菌种而异。检测细菌对培养基中所含糖（醇、苷）降解后产酸或产酸产气的能力，可用来鉴定细菌种类。

2. 葡萄糖的氧化/发酵试验（即 O/F 试验、HL 试验）

细菌在分解葡萄糖的代谢过程中，根据对氧分子需求的不同，可将待检细菌分为氧化型、发酵型和产碱型三类。氧化型细菌在有氧环境中分解葡萄糖，发酵型细菌无论在有氧或无氧环境中都能分解葡萄糖，而产碱型细菌在有氧或无氧环境中都不能分解葡萄糖。这在区别微球菌与葡萄球菌、肠杆菌科成员中尤其有意义。

3. 甲基红试验（MR）

某些细菌在糖代谢过程中，分解葡萄糖产生丙酮酸，丙酮酸进一步被分解为甲酸、乙酸和琥珀酸等，当培养基 pH 值下降至 4.5 以下时，加入甲基红指示剂呈红色。如果细菌分解葡萄糖产酸量小，或产生的酸进一步转化为其他物质（如醇、醛、酮、气体和水等），培养基 pH 值上调到 5.4 以上，加入甲基红指示剂呈橘黄色，试验常与 V-P 试验一起使用，因为前者为阳性菌，后者通常为阴性菌。

4. 维培二氏试验（V-P 试验）

有的细菌（如产气杆菌）能分解葡萄糖产生丙酮酸，再将丙酮酸脱羧形成乙酰甲基甲醇，乙酰甲基甲醇在碱性条件下被氧化为二乙酰，二乙酰与培养基蛋白胨中的精氨酸等所含的胍基结合，形成红色的化合物，试验的目的是测定细菌产生乙酰甲基甲醇的能力。

5. 淀粉水解试验

某些细菌可以产生分解淀粉的酶，即胞外淀粉酶（extracellular-amylase），产生淀粉酶的细菌能将周围培养基的淀粉水解为麦芽糖、葡萄糖和糊精等小分子化合物，再被细菌吸收利用。淀粉遇碘液呈蓝紫色，而随着降解产物分子量的下降，颜色会变为棕红色直至无色，因此淀粉平板上的菌落周围若出现无色透明圈，则表明细菌产生淀粉酶。

6. β－半乳糖苷酶试验（ONPG 试验）

细菌分解乳糖依靠两种酶的作用：一种是 β－半乳糖苷酶透性酶，它位于细胞膜上，可运送乳糖分子渗入细胞；另一种为 β－半乳糖苷酶，亦称乳糖酶，它位于细胞内，能使乳糖水解成半乳糖和葡萄糖。具有上述两种酶的细菌能在 24~48 h 发酵乳糖，而缺乏这两种酶的细菌不能分解乳糖。乳糖迟缓发酵菌只有 β-D- 半乳糖苷酶（胞内酶），若缺乏 β－半乳糖苷酶透性酶，则乳糖进入细菌细胞很慢。而乳糖迟缓发酵菌经过培养基中 1% 乳糖较长时间的诱导，产生相当数量的透性酶后，能较快分解乳糖，故呈迟缓发酵现象。ONPG 可迅速进入细菌细胞，被半乳糖苷酶水解，释放出黄色的邻位硝基苯酚，培养基液变黄可迅速测知 β－半乳糖苷酶的存在，从而确知该菌为乳糖迟缓发酵菌。

7. 七叶苷水解试验

在 10%~40% 胆汁存在情况下，测定细菌水解七叶苷的能力。七叶苷被细菌分解生成葡萄糖和七叶素，七叶素与培养基中的枸橼酸铁的二价铁离子发生反应，形成黑色化合物。该方法主要用于鉴别 D 群链球菌与其他链球菌、肠杆菌及某些厌氧菌（如脆弱拟杆菌等）的初步鉴别。

8. 甘油品红试验

甘油经酵解后生成丙酮酸，再脱羧后生成乙醛，乙醛与无色品红生成醌式化合物，呈紫红色。

（二）蛋白质、氨基酸和含氮化合物试验

1. 吲哚（靛基质）试验

有的细菌具有色氨酸酶，能分解蛋白胨中的色氨酸产生吲哚（靛基质），吲哚与对位二甲基氨基苯甲醛作用，形成玫瑰吲哚而呈红色。这个试验主要用于肠道杆菌的鉴定。

2. 硫化氢试验

有些细菌能分解含硫的氨基酸（胱氨酸、半胱氨酸），产生硫化氢。硫化氢与培养基中的重金属盐类（如铅盐、低铁盐等）结合，形成黑色硫化铅或硫化亚铁，其中沙门氏菌在三糖铁琼脂上常产 H_2S。

3. 尿素酶试验

某些细菌能产生尿素酶，尿素酶可分解尿素，产生大量的氨，让培养基的 pH 值升高，使指示剂酚红显示呈红色。该试验主要用于肠道杆菌科中变形杆菌属的鉴定。例如：奇异变形杆菌和普通变形杆菌为强阳性，克雷伯氏菌为弱阳性。

4. 苯丙氨酸脱氨酶试验

细菌若具有苯丙氨酸脱氨酶就能将苯丙氨酸脱氨变成苯丙酮酸，酮酸能使三氯化铁指示剂变为绿色。例如：变形杆菌、普罗菲登斯菌及莫拉氏菌就具有苯丙氨酸脱氨酶。

5. 氨基酸脱羧酶试验

该试验为肠杆菌科细菌的鉴别试验，用以区分沙门氏菌（通常为阳性）和枸橼酸杆菌（通常为阴性）。若细菌具有脱羧酶，能使氨基酸脱羧生成胺和 CO_2，使培养基的 pH 值升高，指示剂溴麝香草酚蓝显示蓝色，试验结果

为阳性。最常用的氨基酸有赖氨酸、鸟氨酸和精氨酸。

（三）碳源与氮源利用试验

1. 柠檬酸盐利用试验（枸橼酸盐利用试验）

当细菌利用铵盐作为唯一氮源，并利用枸橼酸盐作为唯一碳源时，则利用枸橼酸钠产生碳酸盐，利用铵盐生成氨，培养基变为碱性，使培养基中的指示剂溴麝香草酚蓝（BTB）由草绿色变为深蓝色。值得注意的是，该试验和靛基质（吲哚）试验、VP 试验和甲基红（MR）试验一起缩写为 IMViC，用于鉴别大肠杆菌和沙门菌。

2. 有机氮柠檬酸盐利用试验

有的细菌在含有机氮的情况下，能够利用柠檬酸钠作为主要的碳源而生长，并且分解柠檬酸盐生成碳酸盐，使培养基变为碱性，在指示剂酚红的存在下，培养基由黄色变为红色。

（四）酶类试验及其他试验

1. 氧化酶（或细胞色素氧化酶）试验

某些细菌具有氧化酶（或细胞色素氧化酶），可使细胞色素 C 氧化，而氧化型的细胞色素 C 又使盐酸二甲基对苯二胺（或四甲基对苯二胺）试剂氧化成红色的醌类化合物，若加等量的 α－萘酚酒精溶液，则形成吲哚蓝色而呈现蓝色。

2. 过氧化氢酶（触酶）试验

某些细菌具有接触酶（或过氧化氢酶），能催化过氧化氢产生水和初生态的氧，继而形成氧分子出现气泡。

三、细菌的血清学鉴定

抗原与相应抗体结合形成复合物，在有电解质存在的情况下，复合物相互凝集形成肉眼可见的凝集小块或沉淀物。根据是否产生凝聚现象来判定相应的抗体或抗原，称为凝聚性试验。根据参与反应的抗原性质不同，凝聚性试验分为由颗粒性抗原（或载体）参与的凝集试验和由可溶性抗原参与的沉淀试验两大类。这两大类试验又根据反应条件分为若干类型，细菌抗原、红细胞抗原等颗粒性抗原或吸附在乳胶、白陶土、离子交换树脂和红细胞的可溶性抗原，与相应抗体结合后，在适量电解质存在的条件下，经一定时间，形成肉眼可见的凝集团块，称为凝集试验（agglutination test）。凝集反应又分为直接凝集反应和间接凝集反应两大类，直接凝集反应中的抗体称为凝集素（agglutinin），抗原称为凝集原（agglutinogen）。参与凝集试验的抗体主要为 IgG、IgM，凝集试验可用于检测抗原或抗体，间接凝集反应是指可溶性抗原（或抗体）吸附于与免疫反应无关的颗粒（称为载体）表面上，当这些致敏的颗粒与相应的抗体（或抗原）相遇时，就会产生特异性的结合，在电解质参与的情况下，这些颗粒就会发生凝集现象，这种借助于载体的抗原抗体凝集现象为间接凝集反应，载体的存在将使反应的敏感性得以大大提高。间接凝集反应的优点为：（1）敏感性强；（2）快速，1~2 h 即可判定结果，若在玻璃板上进行，只需几分钟便可呈现结果；（3）特异性强；（4）使用方便、方法简单。目前，吸附抗原或抗体的载体有很多，如：聚苯乙烯乳胶、白陶土、活性炭、人和多种动物的红细胞、某些细菌等。良好的载体应具有在生理盐水或缓冲液中无自凝倾向、大小均匀、比重与介质相似等性质，且满足短时间内不能沉淀、无化学或血清学活性、吸附抗原或抗体后不影响其活性等基本要求。间接凝集反应，根据载体的不同可分为间接炭凝、间接乳胶凝集和间接血凝等；根据吸附物不同可分为间接凝集反应（吸附抗原）和反向间接凝集反应（吸附抗体）；根据反应目的不同可分为间接凝集抑制反应和反向间接凝集抑制反应；根据用量和器材的不同又可分为试管法（全量法）、凹窝板法（半微量法）和反应板法（微量法）。凝集反应方法简便，敏感性高，在临床细菌检验中被广泛应用，可对待检的细菌抗原或细菌抗体进行定性及定量分析。

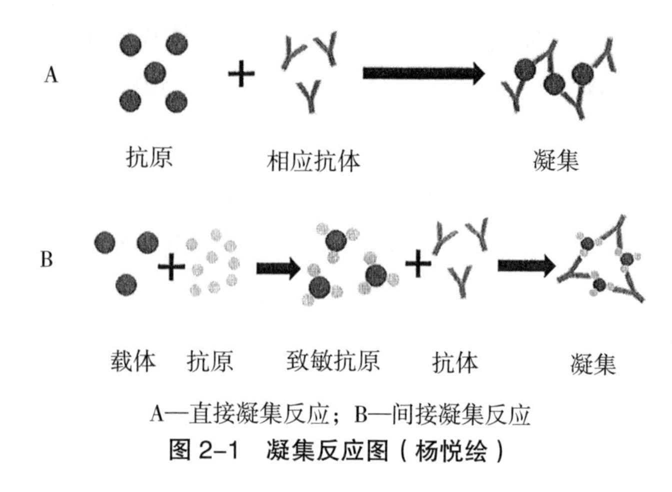

A—直接凝集反应；B—间接凝集反应

图 2-1　凝集反应图（杨悦绘）

（一）直接凝集试验

细菌或其他凝集原都带有相同的电荷（负电荷），在悬液中相互排斥呈均匀分散状态。抗原与抗体相遇后，由于抗原和抗体分子表面存在着相互对应的化学基团，因而发生特异性结合，形成抗原—抗体复合物，降低了抗原分子间静电排斥力，抗原表面的亲水基团减少，由亲水状态变为疏水状态，此时已有凝集的趋向，在电解质（如生理盐水）的参与下，由于离子的作用，中和了抗原－抗体复合物外面的大部分电荷，使之失去了彼此间的静电排斥力，分子间相互吸引，从而凝集成絮片或颗粒，出现了肉眼可见的凝集反应。参与凝集反应的抗原称为凝集原，抗体称为凝集素。直接凝集试验又分为玻片（玻板）凝集试验和试管凝集试验两大类。

（二）间接凝集试验

将可溶性抗原（或抗体）先吸附于一种与免疫无关且一定大小的不溶性颗粒（统称为载体颗粒）的表面，然后与相应抗体（或抗原）作用，在有电解质存在的适宜条件下，所出现的特异性凝集反应称为间接凝集反应，以此建立的检测方法称为间接凝集试验（indirect agglutination test）。由于间接凝集试验中的载体颗粒增大了可溶性抗原的反应面积，因此当颗粒上的抗原与微量抗体结合后，就足以出现肉眼可见的凝集反应。常用的载体有红细胞

（O 型人红细胞、绵羊红细胞）、聚苯乙烯乳胶颗粒，其次为活性炭、白陶土、离子交换树脂等。将可溶性抗原吸附于载体颗粒表面的过程称为致敏，再与相应抗体反应产生的凝集现象称为正向间接凝集反应，又称正向被动间接凝集反应。将特异性抗体吸附于载体颗粒表面，再与相应可溶性抗原结合产生的凝集现象称为反向间接凝集反应。先用可溶性抗原（未吸附于载体的可溶性抗原）与相应的抗体作用，使该抗体与可溶性抗原结合，再加入抗原致敏颗粒，则抗体不凝集致敏颗粒，此反应为间接凝集抑制试验。

1. 间接炭凝集反应

间接炭凝集反应简称炭凝。它是以炭粉微粒作为载体，将已知的免疫球蛋白吸附于这种载体上，形成炭粉抗体复合物。当炭粉抗体与相应的抗原相遇时，二者发生特异性结合，形成肉眼可见的炭微粒凝集块。

2. 间接血凝试验

间接血凝试验（IHA）亦称被动血凝试验（PHA），是将可溶性抗原致敏于红细胞表面，用以检测相应抗体，在与相应抗体反应时出现肉眼可见凝集。如果将抗体致敏于红细胞表面，用以检测样本中相应抗原，致敏红细胞在与相应抗原反应时发生的凝集称为反向间接血凝试验（RPHA）。

四、细菌的生物学鉴定

传统的细菌学鉴定方法多采用生物化学鉴定、血清学鉴定等，虽然比较准确，但耗时较长，方法烦琐。随着分子生物学的发展，细菌分子生物学鉴定逐渐成为研究细菌分类的主流方法。目前主要采用核酸检测技术，包括基因测序、指纹图谱技术、基因探针技术、聚合酶链式反应（PCR）、GC 含量测定等。其中 PCR 和核酸杂交单独分析或结合仪器分析已经形成经典的核酸检测技术，目前在生命科学领域应用范围较广。

细菌 DNA 提取技术：一个生物体的全部基因序列称为基因组（genome），不同生物的基因组性质不同其用途也不同，提取纯化的方法也不尽相同。从细菌细胞中提取基因组 DNA 可分两步：（1）裂解细胞壁及裸露DNA。如：采用变性剂十二烷基硫酸钠（SDS）、金属螯合剂EDTA或溶菌酶在一定温度下裂解细菌细胞；（2）采用化学或酶学的方法，去除蛋白、RNA以及其他的大分子物质。DNA在体内通常都与蛋白质相结合，蛋白质对DNA制品的污染常常影响到后续的DNA操作过程。因此，经蛋白酶K处理后，有机溶剂苯酚/氯仿/异戊醇使菌体蛋白变性而不溶于水，离心后收集水相（DNA存留于水相）。需注意：DNA制品中可能会存有RNA，但RNA极易降解，必要时可加入RNA酶去除RNA，少量的RNA污染对DNA的试验操作无影响。

PCR技术是人工扩增DNA的方法、该法模仿体内DNA的复制过程，首先使DNA变性，两条链解开，然后使引物模板退火，二者碱基配对，DNA聚合酶随即以4种dNTP为底物在引物的引导下合成与模板互补的DNA新链，重复此过程DNA以指数方式扩增。

（一）试验方法

1. 细菌基因组DNA提取

（1）从平板培养基上挑选单菌落接种至5 mL LB液体培养基中，适温培养过夜。

（2）取菌液0.5~1 mL，12 000 r/min离心1 min，弃上清液。

（3）加入500 μL GTE溶液，在漩涡混合器中振荡混匀至沉淀彻底分散（注意不要残留细小菌块）。

（4）向悬液中加入5 μL（100 mg/mL）溶菌酶至终浓度为1 mg/mL，混匀，37 ℃温浴30 min。

（5）再向悬液中加入5 μL（10 mg/mL）蛋白酶K至终浓度为0.1 mg/mL，混匀，55 ℃温浴1 h，中间轻缓颠倒离心管数次。

（6）温浴结束后，向溶液中加入等体积的苯酚/氯仿/异戊醇溶液，上下颠倒充分混匀后，12 000 r/min离心5 min。

（7）取上清液用等体积的氯仿/异戊醇抽提一次。

（8）取上清液至新的离心管中（约 400 μL），向上清液中加入 1/10 体积的 3 mol/L 醋酸钠（pH 值 5.2），混匀，加入 2 倍体积的无水乙醇，混匀，−20 ℃ 静止 30 min 沉淀 DNA，4 ℃ 12 000 r/min 离心 10 min。

（9）小心弃去上清液，用 1 mL 70% 乙醇洗涤沉淀 2 次，4 ℃下 12 000 r/min 离心 5 min 自然晾干。

（10）用 60 μL 含 RNaseA（终浓度 20 μg/mL）的 TE 溶解，37 ℃温浴 30 min，除去 RNA。

（11）取 5 μL 样品进行电泳或测定 A260 值。

（12）这样品用于试验或暂时贮存在 4 ℃冰箱中，若有必要长期保存（约 3 个月），则分装后贮存在 −80 ℃冰箱（不要反复冻融样品，防止 DNA 降解）。

2. 细菌 16S-rRNA 基因 PCR 扩增

（1）取 0.2 mL EP 管

PCR 反应体系：20 μL

2 × Taq PCR Master Mix：10 μL

上下游引物：1.5 μL

模板：2 μL

ddH_2O：5 μL

（2）反应程序：94 ℃使模板 DNA 预变性 5 min，94 ℃变性 45 s，55 ℃ 退火 45 s，72 ℃延伸 1.5 min，最后在 72 ℃条件延伸 7~10 min，30 个循环。反应结束后，取 5 μL 在 0.8%~1% 琼脂糖凝胶中进行电泳，鉴定其产物是否存在目的片段及其大小是多少。

3. PCR 产物纯化

（1）电泳确认后，将其余样品移至新的 1.5 mL EP 管中。

（2）取 PCR 产物 100 μL，加入 700 μL 溶胶液，混匀，装柱，8 000 r/min 离心 30 s，弃掉收集管中的废液，将吸附柱放入同一收集管中。

（3）加 500 μL 漂洗液，12 000 r/min 离心 30 s，弃去离心管液，重复

漂洗一次。去掉废液后，放回柱子，于 12 000 r/min 离心 1 min，尽量去除多余溶液。

（4）将吸附柱放入新的 1.5 mL 离心管中，在柱子的膜中央（这非常关键）加洗脱液 25 μL，室温放置 1~2 min。

（5）12 000 r/min 离心 1 min，然后去掉柱子，即为纯化产物。

（6）电泳确认后，进行测序，PCR 产物也可利用商品化试剂盒进行纯化。

第二节　病毒分离与鉴定技术

一、临床样本的采集、处理与保存

临床样品质量的高低会直接影响到后续病毒分离以及鉴定的准确性。由于不同的病毒和病毒宿主的不同，病毒的靶器官或者靶细胞不同，针对不同病毒的采集、处理、保存方式均有一定差异。

（一）样品的采集

采集病理变化明显，具有典型的病理变化的临床病料，采样的目标主要为病毒载量高的脏器部位或病毒的天然入侵门户，样品应该新鲜，避免尸体腐烂，特别是在炎热的夏天，需在 4 h 内完成样品的采集，且尽量注意无菌原则。

采样人员可对检疫动物的临床症状进行初步的判断。侵染神经系统的病毒应采取脑组织病料；导致腹泻便血的病毒应采取粪便或者肠管组织；侵害呼吸系统的病毒，应采取咽喉黏液、肺脏或呼吸道组织；病畜有水疱病变的应采取水疱液或者溃烂皮肤作为样本。

采集的样品应该在 4 ℃条件下立即送往实验室，不能立即送往实验室的需保存于 −30~−25 ℃冰箱中，或者加 50% 生理盐水甘油，4 ℃保存送检。

同时对动物样品采集时还需重视生物安全，避免病原的传播。

（二）样品的处理

样品的处理方法与后面要进行的实验有关，如果不进行病毒分离，直接进行病料中病毒核酸的鉴定，只需将样本冻存于 −20 ℃条件下，及时检测即可。如果需要进行病毒的分离与培养，必须要对样品进行以下处理。

（1）将心、肝、脾、肺、肾、脑等实质性器官样品剪碎、液氮碾磨成粉状后加入细胞培养基（无钙镁），如 DMEM 或者 RPMI 1640 培养培养基或者用无钙镁的平衡盐缓冲液（D−BSS）3000 r/min 离心 15 min，取上清经过 0.2 μm 滤膜备用即可。

（2）在咽喉拭子、浓汁乳液等渗出物中直接加入含青链霉素以及两性霉素的细胞培养基或平衡盐缓冲液，反复冻融后，按照（1）的方法离心过滤备用。

（3）对粪便和肠管等样品，需将粪便或肠管碾碎，加入含青链霉素以及两性霉素的细胞培养基或者平衡盐缓冲液，反复冻融后，先用纱布过滤后，再用取上清经过 0.2 μm 滤膜备用。

（4）血清、腹水等无菌液体可以直接使用。

（三）样品的保存

未处理过的样品和处理过的样品均可在超低温冰箱或者液氮罐中保存。

二、病毒的纯化与增殖培养

（一）实验动物接种

病毒对宿主的选择具有特异性，用实验动物分离培养病毒是一种传统的方法，优点在于无需复杂昂贵的仪器，技术简单，且病毒收获量大，而且对应一些病毒，它们没有相对应的细胞系可以进行体外培养时，实验动物接种是最佳的分离培养病毒的方法。缺点在于动物个体差异较大，而且在饲养过程中容易受到野毒或者其他病原的侵害，使得结果比较难以判定。而且市面上有一些实验动物在养殖时接种过某些病的疫苗，会导致相应的病毒接种失败。

生物安全是必须要注意的一个问题，用实验动物进行病毒的接种，需要在符合病原微生物分离的实验室进行。

1．实验动物的选择

实验动物的选择与接种的病毒相关，最佳的选择是病毒的天然宿主，如果病毒的特异性不强，可以选择对该病毒敏感的实验动物。

对于分离培养病毒用的天然宿主动物，应该没有接种过该病毒相关疫苗，在接种病毒后能够出现相应临床症状和病理变化。对于小鼠、豚鼠、兔等实验动物应选用 SPF 级。

2. 接种方式

用于注射的病毒制备液可采用 D-BSS 稀释，注意接种时候应该保持无菌操作，对实验动物接种部位需进行剪毛和消毒。常用的接种方式如下：

（1）划痕法：主要用于稍大一点的实验动物，先将接种动物进行剃毛和皮肤表面消毒，用手术刀在皮肤表面划出几条平行的伤口，深度要达到真皮层，微微出血并将接种物涂布于伤口上，接种狂犬病病毒就是采用该方法，通过伤口或者黏膜侵入机体接种病原。

（2）皮下接种：动物接种部位消毒后将皮肤提起，注射器针头斜向刺入皮下，缓慢推入制备好的毒液，注射完毕后酒精棉球按于进针处，然后拔出针头，以防接种物外溢。小鼠常选用背部、腹股沟部或尾根部皮下，家兔、豚鼠及大白鼠常选腹股沟部、背部或腹壁中线皮下，禽类（鸡、鸭）常选颈背。接种剂量根据动物体型大小确定，可以进行多点注射，小鼠的接种总量为 0.1~0.5 mL，其他稍大的实验动物接种量为 0.5~2 mL 不等。

（3）皮内接种：常用于家兔、豚鼠背部或腹部皮肤为注射部位。实验动物去毛消毒后，将皮肤绷紧，用 1 mL 注射器平行刺入皮肤，针尖向上，缓缓注入接种物，皮肤出现小圆形隆起，注射量一般为 0.1~0.2 mL。

（4）肌内接种：一般选用动物的腿部或臀部，禽类以胸侧肌肉为宜，去毛消毒后，将针头刺入深部肌肉内，注射量视动物大小而定。

（5）腹腔内接种：接种动物在接种时稍抬高后躯，使其内肠管向前倾斜，空出腹腔腹股沟管处入针，先刺入皮下，后进入腹腔，注射时应无阻力，回抽有气泡。豚鼠、大鼠 5 mL，小鼠 0.5~1.0 mL。

（6）静脉注射：兔采用耳缘静脉进行注射，先去除耳缘的细绒毛，用酒精棉揉搓兔子的耳朵，使其充血，向近心端入针，缓慢推入病毒液，最后进行按压止血。大鼠和小鼠采用尾静脉注射，将小鼠和大鼠的尾巴用酒精棉球搓热使其血管怒张，小鼠可以用专用的小鼠保定器，将尾巴露出针头平行刺入尾侧静脉，缓慢注入病毒液。

（7）脑内接种：注射部位常选用动物耳根部与眼内角连接线的中点，小鼠接种时先将其额部消毒，用左手食指和拇指抓住两耳和头皮，用注射器垂直刺入注射部位，以针尖斜面刚穿过颅骨为限，缓缓注入。注射完毕，拔出针头的同时应将注射部位皮肤稍向一边推动，以防液体外溢。家兔和豚鼠因颅骨较硬，需用钢针在接种部位打孔后注射，且需用乙醚进行麻醉。脑内接种的最大注射量：家兔 0.2 mL，豚鼠 0.15 mL，小鼠 0.03 mL，凡脑内接种后 1 h 内出现神经症状的动物应弃去，这种情况多由于接种创伤所致。

（8）滴鼻接种：动物可以用乙醚进行轻度麻醉，伴随着实验动物的自主呼吸可以将病毒液带入到呼吸道黏膜从而完成接种。麻醉深度需掌握，太浅会被喷嚏喷出，麻醉太深呼吸会变浅，不易进入呼吸道内，此时可以将动物正立提起，让接种物缓慢流入呼吸道。这种接毒法所接种的毒液量少，小鼠的滴入量为 0.02~0.05 mL，稍大的动物可适当增加。

3. 临床症状观察

实验动物接种后，自然宿主通常伴随典型的临床症状，这可以很好的作为感染的指标，非自然宿主有时不出现典型的临床症状，需根据试验的不同目的观察一些其他的指标，如呼吸、体温、精神状态、抗病毒干扰素的产生等来判断接毒是否成功。

4. 病毒收获

病毒的收获需要在无菌的条件下进行，将病毒载量最高的靶器官收集起来，血液也可以收集。将收集的样品冻存于超低温冰箱（−70 ℃）或者液氮罐中进行储存。

（二）鸡胚接种

用鸡胚进行病毒的分离培养也是一种传统的方法，它的优点与实验动物分离培养病毒一样，主要在于无需复杂昂贵的仪器，技术较为简单。鸡胚组织分化程度低，不具备完整的免疫系统，不产生病毒的抗体，且代谢旺盛，病毒收获量大。缺点是能用于鸡胚培养的病毒并不多，而且有报道称在鸡胚中培养的流感病毒的抗原性和原始样本有所区别，且选用的鸡胚不能含有与病毒相应的母源抗体。

1. 鸡蛋的选择与孵育

选择受精的 SPF 级鸡蛋进行试验，试验前确定鸡胚在 6~11 日龄之间，试验前用照蛋器观察鸡胚，观察到完整血管和胚胎的活动，死亡的鸡胚或未观察到红色血管的鸡胚不能使用。

2. 接种前的准备

用照蛋器找出气室、卵黄囊、绒毛尿囊腔等的要接种部位的位置，用笔画出，同时画出大血管的位置，避免接种时刺破。同时用 70% 酒精和碘酊对接种部位进行消毒。

3. 鸡胚接种

不同病毒想要获得最高的病毒收获量或者为了降低鸡胚接种的失败率，对应着有不同的接种方式。例如，绒毛尿囊腔和羊膜腔接种主要应用于正黏病毒科和副黏病毒科的病毒，后者敏感性高但是容易造成鸡胚死亡；绒毛尿囊腔接种主要用于接种痘病毒和疱疹病毒；卵黄囊接种主要用于衣原体、立克次氏体及披膜病毒。

（1）绒毛尿囊腔接种

选用 9~11 日龄发育良好的鸡胚，气室向上置于蛋架上，在所标记接种部位用钢锥（火焰消毒）钻一小孔，注意要恰好将蛋壳打通而又不伤及壳膜。用 1 mL 注射器吸取接种物，与鸡胚平行刺入小孔 3~5 mm 达尿囊腔内（避开血管），注入 0.1~0.2 mL 接种物。注射后用融化的石蜡或消毒胶布封闭注射小孔，气室朝上置于 37 ℃恒温箱中孵育，每天翻鸡胚并照胚一次。

（2）绒毛尿囊膜接种

取 10~12 日龄鸡胚，于检卵灯上画出气室与胎位，并在胎位无大血管处画一记号，用钝头锥子轻轻钻开一小孔，以刚钻开蛋壳而不伤及壳膜为宜，再用消毒针头小心挑开壳膜，切勿伤及壳膜下的绒毛尿囊膜。壳膜白色、韧、无血管，绒毛尿囊膜薄、透明、有血管，以此区分。将蛋平放，无大血管记号处向上，再依次用碘酊、酒精消毒记号处，用磨卵台或砂轮打一长为 3~4 mm 的三角形小口，将蛋壳取下，勿损伤壳膜，用注射针头在壳膜上划一小缝，勿伤绒毛尿囊膜，将一滴生理盐水滴于卵膜缝隙处。用针尖刺破气室囊膜，用橡皮乳头吸出气室内空气，使绒毛尿囊膜下陷形成人工气室。用 1 mL 注射器将 2~3 滴接种物滴入人工气室中，然后用石蜡封住人工气室和天然气室小孔，人工气室朝上进行 37 ℃培养 48 h 后观察结果。

（3）卵黄囊接种

取 6~8 日龄鸡胚，然后用磨卵器在气室中央磨一小孔，针头自气室小孔朝胚胎相反方向旁侧斜刺入，深度 3 cm 左右，即达卵中心卵黄囊内。侧面接种不易伤及鸡胚，但针头拔出后接种液有时会外溢，接种时钻孔方法、接种量、接种后封闭方法均与绒毛尿囊腔接种相同。

（4）羊膜腔接种

取 9~11 日龄鸡胚，该部位接种孵育鸡胚时，将气室端向上，让胎位接近气室，便于接种。在检卵灯下画出胎位、气室，用砂轮或磨卵器沿气室边缘和胚胎位置靠近处，开一道 3 mm 的浅沟，并开一处不损伤卵膜的孔，然后在照蛋灯下将注射器针头刺向鸡胚，深度以接近但不刺到鸡胚为度，因为包围鸡胚外面的就是羊膜腔。然后用无菌镊子揭去壳膜，并滴一滴无菌液体石蜡以使下面的膜透明，通过透明的膜，可清楚见到整个胚胎，注入0.1~0.2 mL 接种物。因难以判断接种物是否被正确注入羊膜腔内，可将吸取接种物的注射器稍微回抽，使之内含气泡，注射时一并注入。用石蜡封闭接种口后，将鸡胚直立孵化，气室向上。

4. 病毒收获与接种结果的判断

收获前将鸡胚放置 4 ℃冰箱 7~12 h 或 −4 ℃冰箱 30 min，将鸡胚冻死，以减少收获时出血。用碘酊、乙醇消毒气室部蛋壳，去除蛋壳和壳膜。羊膜腔收毒时，先撕破绒毛尿囊膜而不损伤羊膜，再用镊子轻轻按住胚胎，以灭菌吸管或注射器吸取尿囊液，装入灭菌试管中，一枚鸡胚可收取 5~8 mL 尿囊液。绒毛尿囊膜收获接种部位绒毛尿囊膜并注意观察病变。羊膜腔收毒时，应先按照上述方法收完尿囊液，再用注射器插入羊膜腔内收集羊水，一枚鸡胚可收取 0.5~1 mL 羊水。卵黄囊接种者，应先收集完尿囊液与羊水，再用吸管收集卵黄液。

绒毛尿囊膜上是否形成痘疮，鸡胚是否有特殊的病理变化，是否生长发育缓慢或死亡。如：疱疹病毒在绒毛尿囊膜上可形成特殊的痘疮；流行性乙型脑炎病毒、新城鸡瘟病毒可引起鸡胚死亡，可用作感染指标，但必须与接种损伤、标本毒性、细菌污染相区别。

接种损伤所引起的死亡，通常是散在无规律性，病毒引起的死亡有潜伏期并有一定规律性；接毒液有毒性，毒性引起死亡，标本经稀释后，即不出现死亡；污染引起死亡，尿液呈灰色、浑浊，鸡胚无光泽。排除上述三种情况，可确认为临床诊断指标。

（三）原代外植法培养

1. 原代外植的简介

原代外植技术是由 Harrison（1907）、Carrel（1912）及其他致力于组织培养的人创建的。起初将组织包埋于血浆或淋巴液中，再与异源血清或胚胎提取物混合，置于盖玻片上，将盖玻片翻过来盖在凹载玻片上。凝固的血浆使组织保存原位，可通过常规显微镜进行观察。血浆凝固产生的异源血清、胚胎提取物连同血浆可以提供营养及生长因子，可刺激外植物的细胞向外迁移。这项技术特别适用于小量组织（皮肤活检组织）的培养，因为机械或酶解作用可能造成细胞丢失，但此法的缺点是部分组织缺乏黏附性，以及向外生长的细胞具有选择性。尽管如此，事实上大多数细胞尤其取自胚胎的细胞，还是能够成功地向外迁移生长。

2. 原代外植培养

对原代外植的原材料选择时，病毒容易侵染动物组织，以胎儿原材料为最佳，已经分化的组织块细胞不容易迁出。操作步骤为：①将组织移入新鲜、无菌的缓冲液漂洗。②移入第二个培养皿切除多余组织，如脂肪或坏死组织，再移入第三个培养皿。注意事项：带有少量血液、干净健康的组织块可能不需要转移两次，从转移培养基中转出后可直接在培养皿中切碎，转移培养基可以起到第一次清洗的作用。③用手术刀交叉切成约 1 mm^3 的小块。④用移液管（10~20 mL 宽口吸头）将组织块移入 15 mL 或 50 mL 无菌离心管或普通容器内（先用缓冲液或培养基湿润吸管，否则组织块附着于吸管的内壁）。⑤将组织块静置于自然沉淀，用 DBSS 重悬冲洗组织块后静置，去除上清液，重复该步骤两次。如：只有少量血或坏死的组织，此步骤可省略。⑥将组织块转移至培养瓶中（记住先湿润移液管），每个 25 cm^2 培养瓶大约接种 20~30 块组织。⑦吸去多余液体，每 25 cm^2 生长面加入 1 mL 的培养基，缓缓倾斜培养瓶将组织块均匀分布于生长面上。⑧盖上瓶盖，放于培养箱或温室内，37 ℃培养 18~24 h，第二天加入 1 mL 培养基。⑨在未来 3~5 天内将培养基逐渐加至 5 mL/25 cm^2。⑩以后每周更换一次，直到细胞已稳定生长。⑪ 一旦向外生长已形成，可用镊子将外植物取出，用预先浸湿的移液管再转移至新的培养器皿（回到步骤⑥）。⑫ 更换第一瓶的培养基直至细胞生长超过生长面积的一半，这时就可以更换维持培养基并接种病毒。

3. 细胞培养

细胞培养是用于病毒分离增殖最常用的手段，它是经过酶解或者机械解离后将组织分散成单个细胞，将这些细胞培养起来，用于病毒的增殖的一种方法。

用细胞培养进行病毒分离增殖有许多优点，主要包括：①重复性好，操作流程化，规范化。②感染结果可以很直观的通过细胞病变来判定。③可以通过半数组织感染致死量来对病毒进行定量。④如果宿主细胞是连续细胞系还可批量化接种，提高病毒的收获量。

细胞培养不仅在病毒增殖培养、分离鉴定上应用出色，而且现在许多病毒的研究也是建立于这种病毒体外培养模型。如：研究病毒对不同细胞的侵染性和细胞病变机制；病毒引起细胞凋亡的机制；抗体对病毒中和能力的检验等。

4. 细胞培养的无菌意识与一般操作

（1）无菌意识

在细胞培养中，微生物的污染是阻碍试验正常进行的最大问题，为了解决这个问题，通常要使用抗生素。但使用抗生素会影响某些实验结果，且现在超净工作台的引入使细胞培养的无菌条件得到改善。

污染细胞的微生物可以是细菌、支原体、衣原体、真菌酵母等微生物，也可以是其他病毒，污染的途径可以是实验操作的任意一环，不仅限于操作者、试管容器、移液器、培养基、操作台面、培养箱等。

从培养箱中拿出的培养物，特别是从湿盒中拿出来的培养物，容易在移动的途中在表面沾染污染物，必须进行乙醇喷洗擦拭。对操作台进行有效的定期维护，检查初滤器以及高效微粒空气滤器（HEPA）的效能；检查操作台下方，将试验积累的溢出物清理，将5%酚类消毒剂溶于70%乙醇进行整个区域的灭菌；对紫外灯管的效能进行检验；定期打扫工作台下方空间。

（2）应对污染的方法

①对培养物的生长情况进行定期观察，并在一系列不同的放大倍数下对

培养物进行拍照。②培养物至少要在无抗生素培养基中生长一段时间，以发现隐藏的污染。③商品化的培养基在使用前需要取出一部分在培养箱中培养 24 h 验证是否无菌。④培养基及其他试剂等，不同其他人共用及不用于不同的细胞系，避免交叉污染。⑤任何时候都要保持高标准的无菌技术。

（3）一般操作

超净工作台的操作方式：

①在超净工作台操作时，酒精棉球蘸取 70% 乙醇擦拭超净工作台台面，包括前屏板的内面。②从 4 ℃冰箱取出相应细胞培养基解冻，在放进操作台前用 70% 乙醇擦洗瓶子。③将移液枪头或者巴氏吸管放到工作面一侧易于获取的位置。④选出所需的玻璃器皿、塑料制品、仪器设备等，放置于手推车或毗邻工作台上。⑤将所有待用的瓶子瓶盖拧松，瓶盖留在瓶子上。⑥去掉待移液的试剂瓶或培养瓶的盖子，瓶口朝上放于瓶子后面避免手从盖子上方划过，使用完毕后，将其重新盖回到原瓶子上。⑦使用吸管或者移液枪头时，若枪口在取用时接触了其他物品时，需丢弃。⑧避免移液管的端部接触到瓶子外部或超净台的内表面，并一直要注意吸管的位置，不让吸管尖端接触试剂瓶外面或洁净台的内表面。⑨再次吸取液体时，需将瓶子斜着拿起，转移液体时也要将培养瓶倾斜。⑩ 对于使用过的吸管需弃入装有消毒剂的吸管筒中。⑪ 更换培养基瓶和培养瓶的盖子，在完成某一特定操作前，可保持试剂瓶敞口。但如果要离开洁净台时，需把瓶口盖上。⑫ 实验完毕后，拧紧所有瓶子的盖子，将培养瓶放入培养箱前需要喷洒 70% 乙醇。⑬ 从工作面上移走所有不需要的溶液和实验材料。⑭ 重复第一步，并且关闭风机，打开紫外灯。

敞开的工作台上的操作方式：

与超净工作台相比，该工作台的无菌水平较差，没有滤网和风机提供的无菌层流，它的无菌区域在酒精灯周围。该操作步骤①～⑤与在超净工作台的操作一样。⑥在火焰中快捷地旋转灼烧瓶颈，然后松开瓶盖。⑦如果是重复使用的玻璃移液管，将移液管装在移液器上，在酒精灯上灼烧，并做180° 度旋转，这个过程只持续 2~3 s。⑧移液过程中，不要让移液管的端部接触到瓶子外部或超净台的内表面。⑨吸管尖指向远离操作者的方向，去掉试剂瓶的盖子，把它夹在小指和手掌间形成的弯处，如果要往数个培养瓶中移液，可把这些培养瓶立着放置。⑩ 灼烧瓶颈，灭菌处理后，吸出所需的液体量后，灼烧瓶颈并重新盖上盖子。⑪ 去掉收液瓶的盖子，灼烧瓶颈加入液体，重新灼烧瓶颈和瓶口拧紧瓶盖。⑫ 从工作台面上移走所有不需要的溶液和实验材料，然后擦拭工作台面。

（四）原代培养

原代培养是指组织经过酶解或机械解离后培养至第一次传代之前的细胞培养阶段，原代细胞并没有经过转化，它和取材组织的性质很相近，能保持细胞原有的性质，在病毒增殖培养中有天然的优势。

原代培养主要有 3 个步骤：①分离组织；②解剖或解离组织；③接种于培养器皿中培养。将组织块用机械法或酶消化法处理获得细胞悬液，接种细胞悬液，其中部分细胞最终将黏附于基质开始生长。

1. 组织分离

小鼠第 13 天的胚胎单个器官容易分离且适合于做原代培养。处理方法：①小鼠经处理后，用 70% 乙醇进行腹部表面消毒。②从膈膜附近的腹中线位置横向撕开皮肤，向两侧翻开皮肤，显露未接触的腹壁，用无菌剪刀沿腹中线纵行剖开，显露腹腔脏器，可见充满胚胎的双角子宫位于后腹腔。③取出子宫置于含有 10~20 mL DBSS 的螺口瓶内。④将未处理的子宫转入新的培养皿中，内含无菌的 DBSS，用两个无菌镊子撕开子宫，注意保持镊子尖闭合，以免过度破坏子宫及对胚胎施加过大压力，将胚胎与胎膜和胎盘剥离，放在培养皿的另一边，防止血液污染。⑤将胚胎转入新的培养皿中，若有大量的胚胎要取，可将培养皿置于冰上等待进一步解剖和培养。⑥将需要培养的组织用交叉手术刀切成小块备用。

2. 鸡胚分离处理方法

①在湿润的环境条件下孵育（38.5 ℃），每天转动半圈，8 天的胚胎用于整个胚胎细胞的分离，10~13 天的鸡胚主要用于分离器官。②用 70% 酒精棉球消毒蛋壳表面，气室向上放于小烧杯内，用无菌镊打破卵壳，剥离卵壳直到气囊的边缘，重新消毒镊子，用镊子剥离下白色的壳膜，显露下面的绒毛尿囊膜及血管，用镊子挑去绒毛尿囊膜。③从颈部挑取胚胎，将鸡胚放入直径 9 cm，含 20 mL DBSS 的培养皿中，将需要的组织用手术刀交叉切成小块备用。

3. 解剖或解离组织

质地较软的组织比如脑、肝等可以使用机械解离法，其他不容易用物理方法分散的组织则采用酶解法。

（1）机械解离法

①将组织切碎成 3~5 mm^3 大小，放入孔径 1 mm 的不锈钢或聚丙烯筛网上，筛网置于 50 mL 离心管中。②用细胞碾磨棒轻轻加压使组织通过网孔进入培养基，吸取培养基吹过筛网将细胞冲下。③吸取分离组织加入一个孔径更小的筛网，重复步骤②。④获得的细胞悬液可稀释接种或为获取单细胞悬液，可进一步通过 2 μm 的筛网。通常对细胞悬液分散程度越高，剪切力越大，存活率越低。⑤用培养基将细胞悬液稀释至 2×10^5 ~2×10^6 cell/mL。

（2）冷胰酶消化法

在酶解法中这种方法操作简单，且细胞收获量高，能够保存更；多的细胞种类。①取备用组织块，将其切割成 3 mm^3 左右小块，胚胎的器官若小于 3 mm^3，可全部保留。②用弯镊子将组织块移入一个玻璃锥形瓶、离心管或常规容器内，让组织块自然沉降。③用 DBSS 重悬清洗组织块，沉降后去除上清，重复此步骤两次以上，小心去除剩余液体。④每 g 组织加入 10 mL 基础培养基（如 RPMI1640 或 S−MEM）中，并添加 0.25% 胰蛋白酶，4 ℃放置 6~18 h。⑤小心吸取胰蛋白酶、余下组织及残余胰蛋白酶，37 ℃放置 20~30 min。⑥加入培养基（每 100 mg 初始的组织加 1 mL），轻轻吹打混合物至组织完全分散开，若部分组织未分散，细胞悬液可用无菌的平纹纱布、不锈钢筛（100~200 μm）或一次性塑料筛滤网过滤。当有较多组织时，每克组织多加入 20 mL 培养基促进沉淀和随后收集悬液中的细胞，通常 2~3 min 就足去除大多数的较大块组织。⑦用血细胞计数板或电子计数仪测定悬液的细胞浓度，将细胞悬液用生长培养基稀释，使每毫升培养基含有 10^5~10^6 个细胞。

（3）传代培养

原代培养物极具异质性，即包含原组织中多种细胞类型，经过传代培养可产生相对均质的细胞系，这一过程除了生物学意义外，在病毒的纯化培养上也有重要的意义。因为均质化的细胞，更加能产生可重复的实验结果，将原代细胞用胰酶进行消化后，进行传代，待细胞单层汇合到 80% 时，更换维持培养基并添加病毒液进行攻毒。

（4）克隆培养

克隆培养是指从单个细胞分离出的细胞株，有时为了更加精确的可重复的实验结果，在对细胞进行病毒分离培养前，分离出一个能表达正确特性的克隆株是必要的。但是，对于原代细胞来说细胞增殖代数有限，进行克隆培养有一定难度。克隆培养用的较多的是有限稀释法。有限稀释法克隆步骤如下：

①细胞用胰蛋白酶消化制备单细胞悬液，形成单个细胞的状态。②待细胞变圆开始脱落时，加入 5 mL 含血清或胰蛋白酶抑制剂的培养基终止消化，分散细胞。③细胞计数，将细胞稀释到每毫升培养基含 10 个细胞，如果是第一次克隆培养需测定克隆形成率，选择每毫升含中 10、50、100、200 和 2 000 个细胞进行实验。④接种 3 个平皿，每个平皿中 5 mL 培养基含末次稀释浓度的细胞。建议接种每毫升含 2 000 个细胞的平皿作对照，以确认细胞已加入，以防浓度过低无法形成克隆。⑤将培养皿放入透明塑料盒中，将塑料盒放置于湿润的细胞培养箱中静置培养一周以形成克隆。

细胞克隆形成后，每一个集落都是作为一个细胞发育而来，需要将细胞集落分别消化下来。①观察细胞克隆，用油漆笔在集落部位做记号。②弃掉培养基，用 D-PBS 轻轻冲洗细胞克隆。③将 1 mL 移液枪头的尾部剪断作为隔离集落用的环，将环圈套于所需集落上，压紧不要让液体从环下漏出。④加足量的 0.25% 胰蛋白酶充满环内，孵育 20 s 后轻轻吸去，室温下孵育 10 min。⑤环中加 0.1~0.4 mL 的培养基，用吸管吹打分散细胞并将细胞悬液分别移入 24 多孔板。⑥将培养孔中的培养基加至 1 mL，继续培养。⑦当克隆细胞长满培养孔时，移至 25 cm^2 培养瓶内，加 5 mL 培养基常规培养。细胞株建立完成后就可以进行病毒接毒试验了。

（5）连续细胞系培养

在病毒的分离培养中常用到连续细胞系，这些转化过的细胞具有非整倍体的特性，并且没有停泊依赖性以及接触抑制，对血清要求低，细胞生长速度快等特点。不过它们的特异性功能，如分化能力，对病毒的易感性也经常丢失，意味着在对野毒的分离鉴定中存在着不敏感的可能性。

在以连续细胞系为细胞材料进行病毒的纯化与增值培养时，特别注意的时要探究维持培养基的血清浓度，有时细胞增殖速度大于病毒侵染导致的死亡速度时，细胞病变不容易被观察到。

4. 病毒增殖的指标和收获

病毒在细胞培养中的增殖，可根据其所引起的细胞病变（CPE）、细胞代谢（颜色）反应、血凝素或特异性病毒抗原、电镜观察以及实验动物或鸡胚接种等进行判定。通常细胞病变达到 80% 时收获病毒，反复冻融 3 次，使病毒充分释放，收获上清液即为病毒液。

三、病毒的鉴定

（一）生物学特性鉴定

1. 细胞病变

病毒感染宿主细胞后，通常会选择性抑制宿主细胞的相关功能，并利用其物质进行自我复制，最终导致细胞裂解死亡，病毒进一步扩散。宿主细胞在病毒感染早期，通常会发生形态学的变化，如细胞变圆、从细胞培养板脱离等。细胞病变具有宿主与病毒之间的特异性，可以用作鉴定病毒的一个指标。病毒导致细胞出现病变的能力与病毒的毒力有一定关系，所以 TCID50 也是反应毒株毒力的一个指标。

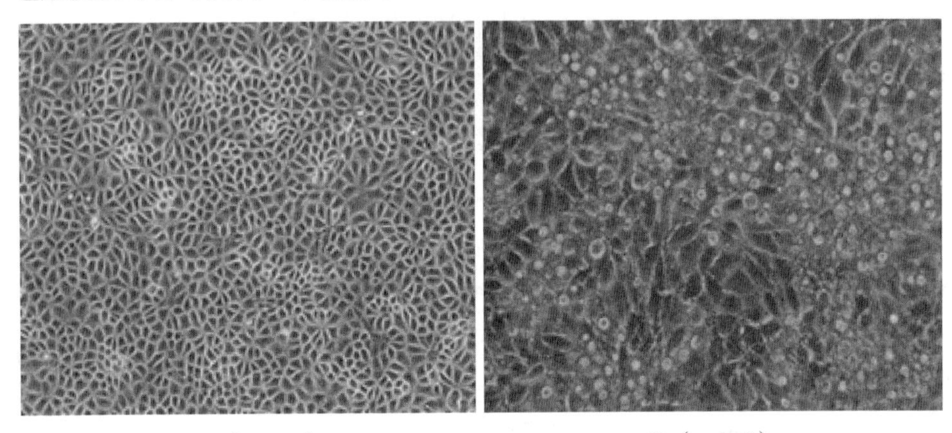

A（×100）　　B（×200）

图 2-2　PK-15 细胞接种病毒液后产生的细胞病变情况（庞茂楠摄）

注：A：空白对照组；B：细胞发生 CPE

2. 病毒效价

针对不同试验，病毒效价的反应方式不一样。若接种动物则是半数致死量（LD50），表示在一定时间内实验动物死亡一半所需要的最大病毒稀释度；鸡胚半数感染量（EID50），表示在规定时间内能使鸡胚半数出现感染的微生物计量；若是接种细胞则是半数组织细胞致死量（TCID50），表示使得培养物出现一半细胞病变的最大病毒稀释度。

3. 红细胞凝集

某些病毒衣壳表面有凝集素的糖蛋白，它们能和某些含有相应凝集原的红细胞结合，形成免疫复合物，从而使得悬浮的红细胞沉淀。通过这一原理建立起来的红细胞凝集试验和凝集抑制试验是对病毒进行鉴定的一种常用技术。

4. 红细胞吸附

有些病毒感染细胞后，并不出现细胞病变，若病毒含有凝集素就可以通过该方法鉴定。病毒在增殖过程中会先吸附到细胞表面，这时加入含有相应凝集素的红细胞，就可以观察到感染细胞吸附红细胞。

5. 病毒干扰

干扰作用是指两种不同种类的病毒同时接种于一个细胞培养皿时，其中一种病毒的增殖对另一种病毒的增殖呈现明显的抑制作用的现象。例如，流感病毒能够干扰西方型马脑炎病毒的增殖等。因此，可以利用一个已知病毒，根据其在细胞培养物中被干扰的情况，间接判定另一种病毒的存在。这种方法主要用于不产生细胞病变及无血凝和红细胞吸附特性病毒的鉴定。

（二）理化性质鉴定

1. 电子显微镜观察

通过透射电镜或者是扫描电镜对病毒颗粒进行直接的观察，可以确定病毒的大小，以及对形态结构进行初步判断。

2. 超速离心

根据不同粒子的沉降系数不同的特点，一般采用蔗糖梯度密度离心法将病毒进行分离和提纯。

3. 病毒敏感实验

不同病毒对酸碱、胰蛋白酶、脂溶性的敏感程度不同，测定这些指标作为病毒鉴定的依据。

4. 免疫学技术鉴定

病毒感染机体后，若不是急性死亡，机体会产生相应的病毒抗体，抗病毒血清可以用来检测病毒。单克隆抗体是针对病毒某一抗原决定簇的抗体甚至可以鉴定到病毒的具体血清型。在进行大量临床检测时，使用最多的就是酶联免疫技术和血凝抑制试验，其他免疫学鉴定技术，主要有免疫荧光技术、放射免疫技术和胶体金免疫标记技术，以及化学发光免疫分析技术、电化学发光免疫分析技术、磁微粒化学发光免疫分析技术。此外，还有血清学技术与其他技术的联用，包括与分子生物学技术、传感器技术、芯片技术等联用，对病毒进行特异性的检测鉴定。

5. 分子生物学鉴定

分子生物学检测技术是现在使用最多的一种检测技术，优点在于灵敏，可以进行早期诊断，有庞大的数据库提供的核酸信息比对，对待测样本可以进行很好的鉴定，同时还能进行分子流行病学的调查进化分析，高通量测序技术可以检测的样本庞大，可以检测未知或新出现的病毒。

常用的分子生物学鉴定方法有核酸杂交、聚合酶链式反应、荧光定量PCR、LAMP、核酸阵列技术等，每种方法都有其特点在对临床样本的检测中，需要针对实际问题进行选择和使用。

第三节　寄生虫分离与鉴定技术

一、粪便检查技术

一些寄生虫或其痕迹会随粪便排出，用玻璃棒搅拌可直接挑出判断其虫种，主要是一些寄生于动物消化道的寄生虫，如：绦虫的孕卵节片、线虫等。这些传统的粪便检查可以借助于显微镜进行寄生虫形态学观察，根据其形态特征做种属鉴定。优点是观察快速简便、成本低廉，但易造成漏诊、误诊，并常受制于技术人员的技术熟练程度和鉴别能力。主要该技术分为以下几种：

1. 直接涂片法

在清洁的载玻片上滴 1~2 滴水或 50% 的甘油与水的等量混合液，再加上少量粪便，用火柴棍混匀。用镊子去掉大的粪渣后加盖玻片，置光学显微镜下观察虫卵或幼虫。

主要适用能随粪便排出的蠕虫卵和球虫卵囊的检查，本方法操作简便、易行、但检出率较低，在实际工作中需多检测几片。

2. 漂浮法

漂浮法通常使用饱和食盐水法，其操作步骤是：取新鲜粪便 2~3 g 于平皿中，碾碎后加入饱和食盐水至刚好没过粪便体积的二分之一，使用玻璃棒搅拌混合。用粪筛或纱布过滤到平底管中，使粪汁稍隆起于管口，但不宜溢出，静置 30 min，放置盖玻片于管口蘸取粪汁后加载玻片于显微镜下镜检。

其原理采用密度高于虫卵的漂浮液，使粪便中的虫卵与粪便渣子分开，并且漂浮于食盐水的表面，再使其附于玻片之上进行镜检观察。除饱和盐水漂浮液以外，其他一些漂浮液也可用于一些特殊虫卵的检查。如饱和硫酸锌溶液（饱和度为 1 000 mL 水中溶解 920 g 硫酸锌）漂浮力强，检查猪肺丝虫卵效果较好；饱和硫酸镁溶液（饱和度为 1 000 mL 水中溶解 440 g 硫酸镁）多用于结肠小袋纤毛虫包囊的检查；饱和蔗糖溶液（饱和度为 1 000 mL 水中溶解 1 280 g 蔗糖）适用于多种虫卵和卵囊的漂浮。

3. 沉淀法

其原理是利用虫卵密度比水大的特点让虫卵在重力的作用下，自然沉于容器底部，然后进行检查。沉淀法特别适用于检查比重大的虫卵，可分为离心沉淀法和自然沉淀法两种。

（1）离心沉淀法

通常采用普通离心机进行离心，使虫卵加速集中沉淀在离心管底，然后镜检沉淀物（方法：取 5 g 被检粪便，置于平皿或烧杯中，加 5 倍量的清水，搅拌均匀）经粪筛和漏斗过滤到离心管中，离心 2~3 min（电动离心机转速约为 500 r/min）。然后倾去管内上层液体，加入清水搅匀再次离心，反复 2 次或 3 次，直至上清液清亮为止，最后倾去大部分上清液，留约为沉淀物 1/2 的溶液量，用胶帽吸管吹吸均匀后，吸取适量粪汁（2 滴左右）置载玻片上，加盖玻片镜检。

（2）自然沉淀法

操作方法与离心沉淀法类似，只不过是将离心沉淀改为自然沉淀过程。沉淀容器可用大的试管，每次沉淀时间约为 30 min。该方法所需时间较长，其优点是不需要离心机，因而适用于基层工作者操作。

4. 虫卵计数法

虫卵计数法主要用于了解畜禽感染寄生虫的强度及判断驱虫的效果。方法有多种，这里主要介绍2种常用的计数方法。

（1）麦克马斯特氏法

计数板构造：计数板由2片载玻片组成，一片要窄一些（便于加液）。在较窄的玻片上有1 cm见方的刻度区2个，每个正方形刻度区中又平分为5个长方格。另有厚度为1.5 mm的几个玻璃条垫于2个载玻片之间，以树脂胶黏合，这样就形成了2个计数室，每个计数室的容积为0.15 mL。

计数方法：取2 g粪便混匀，放入装有玻璃珠的小瓶内，加入饱和盐水58 mL充分振荡混合，通过粪筛过滤，将滤液边摇晃边用吸管吸出少量滴入计数室内，置于显微镜台上，静置几分钟后，用低倍镜将2个计数室内见到的虫卵全部数完，取平均值，再乘以200，即为每克粪便中的虫卵数。

（2）斯陶尔氏法

该方法学采用特制球状烧瓶，在瓶的下颈部有2个刻度，上面60 mL，下面为56 mL（若无这种球状烧瓶，可采用大的试管或小三角烧杯代替，但须事先标好上述2个刻度）。计数过程中，先加入0.1 mol/L或4% NaOH浴液至56 mL处，再缓慢加入捣碎的粪便，使液面达到60 mL处为止（加入4 g粪便），加入10多个小玻璃珠充分振荡，使其呈细致均匀的粪悬液，用吸管吸取0.15 mL置载玻片上，盖上盖玻片（22 mm × 40 mm）镜检计数（没有盖玻片，可使用若干张小盖片代替），所见虫卵总数乘以100，即为每克粪便中的虫卵数。

除上述方法之外，也可以用漂浮法或沉淀法来进行虫卵计数。即称取一定量粪便（1~5 g），加入适量的漂浮液或水进行过滤，再使用漂浮液反复水洗沉淀，最后用盖玻片或载玻片蘸取表面漂浮液或吸取沉渣，进行镜检，计数虫卵。计数完一片后，需再检查第二片、第三片直至不再发现虫卵或沉渣为止，然后将见到的虫卵总数除以粪便克数，即为每克粪便虫卵数。

5. 幼虫培养法

圆线虫目中有很多线虫的虫卵在形态结构上非常相似，难以进行鉴别，有时为了进行科学研究或达到确切的诊断目的，可进行第三期幼虫的培养之后再根据这些幼虫的形态特征，进行种类判定。幼虫培养方法有很多，这里仅介绍最简单的一种。即取一些新鲜粪便，弄碎放置于培氏皿中央堆成半球状，顶部略高出，然后在培氏皿内边缘加水少许（如粪便稀可不必加水），加盖子使粪便与培氏皿盖接触，放入 25~30 ℃的温箱内培养（夏天则放置室内），每日观察粪便是否干燥，需保持适宜的湿度，经 7~15 d 后第三期幼虫即可出现，它们主要从粪便中爬到培氏皿盖内侧或四周。我们可用胶帽吸管吸上生理盐水把幼虫冲洗下来，涂抹于载玻片上覆以盖玻片，在显微镜下进行观察。

6. 幼虫分离法

采用贝尔曼氏法，主要用于畜禽生前肺线虫病的诊断，即从粪便中分离肺线虫的幼虫，建立生前诊断，也可用于从粪便培养物中分离第三期幼虫或从被剖检畜禽的某些组织中分离幼虫。

操作方法：用一根乳胶管两端分别连接漏斗和小试管，然后置于漏斗架上，通过漏斗加入 40 ℃的温水，水量约达到漏中部，将被检材料放入粪筛上，静置 1 h 拿下小试管，弃上清液，吸取管底沉淀物进行镜检。

也可用简单的平皿法来分离幼虫，即取粪球 3~10 个，置于放有少量热水（不超过 40 ℃）的平皿或培氏皿内，经 10~15 min 后，取出粪球，吸取皿内的液体，在显微镜下检查幼虫。

二、体表寄生虫检查技术

1. 体表寄生虫的刮取与检查

首先详细检查病畜禽全身，找出所有患部，然后在新生的患部与健康部交界的地方，剪去长毛，用手术刀刃在体表刮取病料，所用器械在酒精灯上消毒后，与皮肤表面垂直，反复刮取表皮，直到稍微出血为止，这对检查寄生于皮内的疥螨尤为重要。取样后在取样处用碘酒消毒，在野外进行工作时，为避免风将刮下的皮屑吹落，可将刀子沾上 50% 甘油水溶液。将刮取的病料收集到培养皿或试管内带回，以备检查与标本制作。

2. 直接检查法

将刮下物放于黑纸上或有黑色背景的容器内，置温箱中（30~40 ℃）或用白炽灯照射一段时间，然后收集从皮屑中爬出的黄白色针尖大小的点状物在镜下检查，此法较适用于体形较大的螨虫（痒螨）。检查水牛痒螨时，可把水牛牵到阳光下揭去“油漆起爆状”的痂皮，即可看到淡黄白色的麸皮样缓慢爬动的痒螨，还可把皮屑握于手中，不久会有虫体爬动的感觉。

3. 显微镜下检查法

将刮下的皮屑，放于载玻片上，滴加 50% 甘油水溶液（对皮屑有透明作用，虫体短期内不会死亡，可观察到其活动），覆以另一张载玻片，挤压玻片使病料散开，显微镜下检查。

4. 虫体浓集法

为了在较多的病料中检出虫体，可采用浓集法提高检出率。先取较多的病料，置于试管中，加入 10% NaOH 溶液，浸泡过夜（急检样品可在酒精灯上煮数分钟），使皮屑溶解虫体自皮屑中分离出来，待其自然沉淀或 2 000 r/min 离心 5 min，虫体即沉于管底，弃去上层液，吸取沉渣镜检。

也可将采用上述方法处理的病料加热溶解离心后，倒去上层液，再加入 60% 硫代硫酸钠溶液，充分混匀后直立，待虫体上浮或离心 2~3 min，虫体即漂浮于液面，用金属环蘸取表面薄膜，涂抹于于载玻片上加上盖玻片进行镜检。

5. 温水检查法

用幼虫分离法装置，将刮取物放在盛有 40 ℃左右温水的漏斗上的铜筛中 0.5~1 h，由于温热作用，虫体从痂皮中爬出集成小团沉于管底，取沉淀物进行检查，也可将病料浸没于 40~45 ℃的温水里，置恒温箱中 1~2 h 后，将其倾放于玻片上，进行镜检检查，活的虫体在温热的作用下由皮屑内爬出集结成团，沉于水底部。

三、血液寄生虫检查技术

1. 制片

取病畜高温时耳静脉血液：（1）鲜血压滴观察：先在载玻片上滴一滴生理盐水，加一滴被检血液后混合充分，盖上盖玻片稍静置，于低倍镜检查发现有运动虫体后，换高倍镜检查（视野光线应稍弱），检查虫体运动性。

2. 血液涂片

（1）薄片法（适合于观察红细胞内虫体，如巴贝斯虫）：用洁净载玻片的一端，从动物静脉穿刺处接触血滴表面，蘸取少量血液，另取一块边缘光滑的载玻片作为推片，先将推片的一端置于血滴的前方，然后稍向后移触及血滴，使血液均匀分布于两玻片之间，推片载玻片与血片载玻片成 30°~45° 角，平稳地向前推进，使血液接触面散布均匀，即成薄的血片，抹片完成后，立即放置于流动空气中干燥，以防血细胞皱缩或破裂，并加甲醇固定。

（2）厚滴法（适合于观察血浆内虫体，如伊氏锥虫）：首先取血液 1~2 滴于净载玻片上，用另一块载玻片将血液涂散至直径 1 cm 即可，置室温中待其自行干燥（至少干燥 1 h，否则血膜附着不牢，染色时易脱）。染色前先将血片置于蒸馏水中，使红细胞溶解，血红蛋白脱落，血膜呈灰白色为止，再进行染色。

3. 染色

瑞氏染色：由亚甲蓝和伊红配成的复合染色剂，干燥后的血涂片上滴加数滴瑞氏染液，覆盖染色约 1 min，再滴加磷酸盐缓冲液混匀，滞留 5 min，缓慢摇动玻片，从一侧流水轻轻冲去染液，用滤纸吸干或自然干燥，镜检。

姬姆萨染色：用甲醇固定抹片后，浸入盛有染色液的染色缸中或滴加足量染色液，染色 30 min，也可延长至 1~24 h，水洗风干，镜检。

采血时最好在病畜出现高温期，未做药物处理前采血，以提高虫体检出率，涂片时血膜不易过厚，使红细胞均匀的分布于玻片上。

四、组织寄生虫检查技术

1. 组织触片检查

一些原虫可在不同组织内寄生，组织取样一般在死后尸体剖检时进行，取一小块组织样，在载玻片上做成抹片、触片或将小块组织固定后制成组织切片，染色检查抹片或触片可用瑞氏染色或姬姆萨染色后观察。

2. 组织液抹片检查

可取淋巴、腹水等组织液，制作抹片，进行显微镜检查病原体。（1）淋巴取样方法：一手向上方推移肿大的淋巴结，另一手固定淋巴结，进行局部剪毛、消毒，用较粗的针头刺入淋巴结抽取淋巴组织，将针头内容物涂成抹片固定，染色，镜检，这种方法适用于羊泰勒虫、弓形虫的检查。当羊感染泰勒虫病后，可能出现局部体表淋巴结肿大，可取淋巴组织样，镜检查出柯赫氏体（内含许多小的裂殖子或染色质颗粒）即可确诊。（2）腹水收集方法：侧卧保定，在腹白线下侧脐前方（母畜）或后方（公畜）1~2 cm 处做穿刺，刺入腹腔后阻力骤减，有腹水流出。取得的腹水抹片，以瑞氏液或姬姆萨染色检查。当羊感染弓形虫病，可取腹水做生前诊断，检查滋养体；死后检查可取组织或体液，检查包囊和速殖子等。

3. 其他组织检查方法

肌肉中旋毛虫检查，可用传统镜检法或消化法。（1）直接镜检法：取 3 mm×10 mm 的小块肌肉样品 0.5~1 g，使用厚玻片，压紧后镜检。（2）消化法：取 100 g 肉样搅碎或剪碎放入 3 L 烧杯中，加 10 g 胃蛋白酶，溶于 2 L 自来水；再加 16 mL 盐酸（25%），放入搅拌棒约 45 ℃的温浴下搅拌 30 min，消化液用 180 μm 的滤筛过滤，转入 2 L 分离漏斗，静置 30 min 后放 40 mL

液体于 50 mL 量筒内，静置 10 min 后吸去 30 mL 上清液；再加 30 mL 水摇匀，10 min 吸去 30 mL 上清液，剩下液体倒入带有格线的平皿内，用 20~50 倍显微镜检。

五、免疫荧光技术

免疫荧光技术是把血清学和显微镜示踪法结合起来的一种技术，免疫荧光技术依据抗原抗体反应的基本原理，使抗体或抗原以共价键形式牢固结合能在紫外光线下发出荧光的荧光素，而该荧光抗体或抗原与特异性抗原或抗体反应后易在荧光显微镜下被辨识。该技术具有免疫学反应的特异性及在黑色背景中发光物质易被发现的敏感性。经几十年的研究发展，该技术不仅应用于病原微生物、病毒和原虫等寄生虫的诊断，而且还应用于抗原的组织定位、血清抗体的检测及疾病的快速诊断中。对于寄生虫学领域，该技术作为一种血清学方法可用于寄生虫病的诊断、流行病学调查和治疗后的复查。

现在运用于寄生虫检测领域的免疫荧光技术主要有直接免疫荧光技术、间接免疫荧光技术、时间分辨荧光免疫分析法。其中直接免疫荧光技术是最早建立的免疫荧光技术，其利用已标记荧光素的特异性荧光抗体直接检测未知的相应抗原，具有简便、快速、特异性好等优点。但该方法检测用抗体均需荧光素标记，检测范围不包括未知抗体，其敏感性稍差，在临床检测中未得到广泛应用。间接免疫荧光技术是利用特异性的抗体与切片中抗原结合后，再加入荧光素标记的第二抗体，形成的免疫复合物在荧光显微镜下发出荧光而被鉴定，是一种应用最广泛的免疫荧光技术。由于该方法所使用的第二抗体种类较多，因此只需满足种属特异性，即可用于多种第一抗体的标记检测。而且它具有特异性强和敏感性高，不同寄生虫间不存在交叉反应和非特异性反应。时间分辨荧光免疫分析法是同位素免疫分析技术，是用镧系元素标记抗原或抗体，根据镧系元素螯合物的发光特点，测量波长和时间两个参数进行信号分辨，该方法可有效地排除非特异荧光的干扰，极大地提高了分析灵敏度。

六、PCR 诊断技术

随着 PCR 技术的不断完善与发展，已广泛应用于病原的临床鉴定、物种分类耐药基因的诊断等各个领域，具有广泛的应用前景。PCR 技术的操作过程也相对简便快捷，无需对病原进行分离纯化，就可克服抗原和抗体持续存在的干扰，直接检测到病原体 DNA，既可用于动物寄生虫病的临床诊断，又可用于动物寄生虫病的分子流行病学调查。

利用 PCR 来诊断寄生虫病与普通 PCR 方法大致相同，主要步骤包括寄生虫 DNA 的提取、PCR 引物的设计、PCR 条件的优化、对目的片段的扩增、琼脂糖凝胶电泳及结果分析、PCR 产物的纯化。整个操作过程都要注意产生交叉污染以及试剂漏加错加等问题，以免影响最后的实验结果。

随着 PCR 及相关技术的快速发展，核酸检测也越来越深入，可在血清学变化之前检测出感染程度，并且更加微量、灵敏。近年来，除常规的 PCR 方法之外，更多改进方法被应用于临床检测，大大提高了检出率。例如：LAMP 技术凭借恒温、高效、耗时短、不过分依赖设备仪器等优点越来越多地被应用于分子诊断及疾病检测。

主要参考文献

[1] YALOW，RS. Radioimmunoassay：Aprobe for finestructure of biologic systems[J]. Scandinarian Journal of Immunology，1992，35（1）: 4–20.

[2] COONS，A. H. Kapan MH. Localization of antigen in tissue cells; improvements in a method for the detection of antigen by means of fluorescent antibody [J]. Journal of Experimental Medicine，1950，91（1）: 1–13.

[3] ENGVALL E，PERLMANN P. Enzyme linked Immunosorbent assay （ELISA）: Quantitative assay of immunoglobulin[J]. The Immunochem，1971，9（9）: 0–874.

[4] 程松高. 关于细菌的生长繁殖和营养要求[J]. 生物学通报，1960（4）: 31–34.

[5] 余道军，童文娟，陈岳明，等. 临床标本细菌基因组DNA提取方法探讨[J]. 中国微生态学杂志，2007（6）: 519–520.

[6] 吕火祥，许立. 核酸检测技术研究进展及在临床细菌诊断中的应用[J]. 国际检验医学杂志，1994，15（4）: 150–152.

[7] 潘耀谦. 检测病菌的一种新方法: DNA探针技术[J]. 吉林畜牧兽医，1989，35（4）: 39–41.

[8] 俞惠民，尚世强，洪文澜，等. 16SrRNA基因PCR加反相杂交检测细菌DNA方法的建立与初步应用[J]. 中国实用儿科杂志，2000，15（2）: 97–99.

[9] 潘尚领，朱春江，龙桂芳，等. 3种PCR产物纯化方法的比较[J]. 广西医科大学学报，2001，18（5）: 768–769.

[10] 陈淑萍，张凤学，毛航平. 动物免疫的接种方法及注意事项[J]. 现代畜牧科技，2014（3）: 207–207.

[11] 王振国，车起冠，刘绍兰. 鸡胚接种疫苗预防鸡新城疫的免疫试验[J]. 中国兽医杂志，1986（5）: 33–35.

[12] HAYCOCK J W. 3D Cell Culture: A Review of Current Approaches and Techniques[J]. Methods in molecular biology（Clifton，N.J.），2011，（695）: 1–15.

[13] Butler M. Animal Cell Culture and Technology[M]. Jaylor & Francis，2004，34（3）: vii.

[14] 孙涛，刘维，王菊花，等. 合肥地区奶牛源隐孢子虫的分离与鉴定[J]. 中国寄生虫学与寄生虫病杂志，2011（6）: 53–58.

[15] 赵小红. 常用动物寄生虫的粪便检查技术[J]. 中国畜牧兽医文摘，2013，（5）: 47–47.

[16] 朱兴全. 免疫荧光技术[J]. 甘肃畜牧兽医，1988（4）: 39–41.

[17] 王中全，崔晶. 旋毛虫病的诊断与治疗[J]. 中国寄生虫学与寄生虫病杂志，2008，26（1）: 53–57.

[18] 刘明远. 我国的旋毛虫病及最新研究概况[J]. 食品与药品，2005（1）: 11–13+31.

[19] 樊菊娥，李雯，齐小兴，等. 五种瑞氏染色液对比观察[J]. 检验医学，1998，13（1）: 64–64.

第三章　现代分子检疫与诊断技术

第一节　核酸杂交

核酸分子杂交是病毒诊断领域发展较快的一项新技术，该技术特异性强、灵敏度高、快速等特点，其原理是核酸分子的变性和选择性退火，双链 DNA 或 RNA 分子间的氢键断裂，双螺旋解开形成单链，在适宜的温度下恢复成原来的形态。在复性时，若这些异源性 DNA 之间在某些区域又有相同的序列，则会产生杂交 DNA 分子，与互补的 RNA 之间也可能发生杂交。其中，双链 DNA 采用碱（NaOH）或高温处理变性，RNA 分子则是在甲酰胺存在的情况下通过加热使之变性。

一、核酸分子杂交的基本原理

1．核酸变性

在某些理化因素作用下，双链的核酸分子氢键断裂，疏水作用被破坏，双螺旋结构分开，有规则的空间结构被破坏，形成单链分子，称为核酸的变性。

（1）引起核酸变性的因素：酸、碱、热、化学试剂（甲醇、乙醇、尿素等）。

（2）加热变性是最常用的一种方法，一般加热至 80~100 ℃可使核酸分子氢键断裂。

（3）变性后的核酸分子失去生物活性的同时理化性质也随之改变，紫外吸收值（A260）也随之增高。

2. 增色效应和减色效应

DNA 分子变性后双螺旋结构解体双链分开，双螺旋内部的碱基暴露，其碱基上所带的嘌呤或嘧啶中的苯环能够更为充分吸收 260 nm 的紫外光，这个过程被称为增色效应，当变性后的 DNA 进行复性，则在 260 nm 处的吸收值将减少，称为减少效应。

3. 溶解温度（Tm 值）

在 DNA 热变性时，A260 值达到最大值 1/2 时的温度称为解链温度，此时一半的 DNA 分子发生变性，其中 Tm 与核酸中的 G、C 含量有关。

（1）DNA 碱基的组成：G–C 含量越高，Tm 值越高；A–T 含量越多，Tm 值越低。

（2）溶液中的离子强度：低离子强度，Tm 越低；高离子强度，Tm 值越高。

（3）pH 值：当 pH 值为 5~9 时，Tm 值变化不明显；当 pH 值＞ 11 或＜ 4 时，不利于氢键形成。

（4）变性剂：干扰碱基堆积力和氢键的形成。

4. 复性

在适宜的条件下，两条互补变性的 DNA 重新结合，恢复原来双链的过程称为复性。在变性后，变性的单链 DNA 恢复双螺旋结构，这样的复性称为退火。

影响复性的主要因素有：

（1）核酸长度：分子越长，扩散越慢，形成配对的难度也大，复性也慢。

（2）核酸分子的复杂性：核酸复杂性越高，形成正确配对的难度也越高，复性越慢。

（3）温度：温度过高有利于变性，过低分子运动减慢，少数碱基形成的局部双链不易解离，最适的变性温度比 Tm 值低 20~30 ℃。

（4）离子强度：适当的离子强度可以中和核酸分子上磷酸基团所带负电，减少双链间的静电斥力，有利于复性。

二、核酸分子杂交技术

1. 核酸分子杂交分类

根据杂交核酸分子种类，主要为 DNA 与 DNA 杂交、DNA 与 RNA 杂交及 RNA 与 RNA 杂交，在已知序列的 DNA 或 RNA 片段上标记带检测的标签，可用于对未知的核酸进行检测。

2. 杂交介质分类

根据介质不同，主要分为液相杂交、固相杂交、原位杂交，其中固相杂交主要包括菌落杂交、Southern 印迹杂交、Northern 印迹杂交等。

（1）固相杂交

将待测样品进行预处理，结合到固相支持物上（尼龙膜、硝酸纤维素滤膜）上，然后与溶液中标记的已知序列进行杂交，通过放射自显影分析其杂交结果。

Southern 印迹杂交，主要是 DNA 与 DNA 分子间的杂交，是目前进行基因组 DNA 特定序列定位的通用方法。该方法主要是利用琼脂糖凝胶电泳分离经限制性内切酶消化的 DNA 片段，将凝胶上的单链 DNA 片段转移至尼龙膜或其他支持物上，经 80 ℃烘干 4~6 h，使 DNA 牢固地吸附于膜上，再与相应结构的放射性同位素标记的探针进行杂交，通过放射自显影进行显色。利用此项技术可进行酶切图谱分析、特定基因的定性、定量分析及限制性片段长度多态性分析等。该方法基本实验步骤为：①基因组 DNA 提取；

② DNA 的限制性内切酶酶解、电泳和 Southern 转移；③探针的标记和纯化；④杂交、洗膜、检测以及除去膜上探针。

Northern 印迹杂交，是一种将 RNA 从琼脂糖凝胶中转印到硝酸纤维膜上的方法。在上样前，先用乙二醛或甲醛处理 RNA，不用 NaOH 的目的是防止 RNA 上的 2′-OH 被水解，其余的方法步骤同 Southern 印迹杂交，需注意的是上色的 RNA 胶要尽可能少接触紫外光，避免 RNA 信号降低。该技术主要运用于 RNA 病毒检测、基因表达的检测等。

（2）液相杂交

液相杂交是一种研究最早且操作简便的杂交技术，其原理是将待测核酸和探针都加入到杂交液中，探针与待测核酸在液体环境中按照碱基互补配对形成杂交分子的过程，但在杂交过程中若探针存在过量难以去除，容易与同源的 DNA 发生竞争，造成杂交结果出现误差或错配。

（3）原位杂交

原位杂交是指标记已知序列核酸作为探针与细胞或组织切片中核酸进行杂交，从而对特定核酸序列进行精确定量和定位的检测技术。目前，该技术主要运用于细胞遗传学分析、比较基因组杂交、基因图谱绘制及病原学检测。荧光原位杂交是在 20 世纪 80 年代末在放射性原位杂交技术的基础上发展起来的一种新型技术，以荧光标记取代同位素标记而形成的一种新的原位杂交方法，利用荧光标记的探针与待测标本的核酸进行原位杂交，在荧光显微镜下对荧光信号进行辨别和计数，从而对染色体或基因异常的细胞进行检测与诊断，并且该技术具有安全、快速、灵敏度高且探针能长期保存等优点。

3. 分子杂交的主要过程

（1）首先，进行探针的制备及标记，主要采用同位素或非同位素标记。

（2）待测样品的制备，包括待测样品的分离纯化。

（3）杂交（液相，固相，原位杂交），杂交后采用一定离子强度的溶液将未结合的待测样品去除。

（4）结果显色（放射自显影）与数据分析。

4. 影响杂交的因素

在核酸杂交过程中，影响杂交体形成因素较多，主要是探针的选择、探针的标记方法、温度、探针分子的浓度和长度等，探针分子的浓度越高，复性速度就越快，单链探针随着浓度增加杂交效率也随之增加，双链探针的浓度控制在 0.1~0.5 μg，浓度过高会影响杂交效率。

温度：DNA/DNA 杂交，适宜温度较 Tm 值低 20~25 ℃；RNA/DNA 或 RNA/RNA 杂交，加甲酰胺降低 Tm 值；用寡核苷酸探针进行杂交，适宜温度一般比 Tm 值低 5 ℃。

离子强度：低盐浓度会使杂交率降低，随着盐浓度增加，杂交率增加；高离子强度溶液中，正离子可中和 DNA 链磷酸基团的负电荷，削弱相互间的静电斥力，有利于杂交分子的形成，当进行序列不完全同源的核酸分子杂交时，须维持杂交反应液中较高的盐浓度和洗膜溶液的盐浓度。

甲酰胺：甲酰胺能降低杂交液的温度，低温时探针与待测核酸杂交更稳定，当待测核酸与探针同源性不高时，加 50% 甲酰胺在 35~45 ℃进行杂交；若待测核酸序列与探针同源性高时，则用水溶液在 68 ℃进行杂交。

核酸分子的复杂性：当两个核酸样品的浓度一致时，变性后的相对杂交率取决于核酸样品的相对复杂性，复性速率与反应体系中核酸复杂性成反比。

非特异性杂交反应：杂交前可将非特异性杂交位点进行封闭，减少对探针的非特异性吸附，常用的封闭物有小牛胸腺 DNA 和脱脂奶粉。

三、核酸探针

是指带有标记能与组织内相对应的核苷酸序列互补结合的一段单链 cDNA 或 RNA 分子，探针种类主要分为 DNA 探针和 RNA 探针，DNA 探针主要包括寡核苷酸探针、基因组 DNA 探针、cDNA 探针，探针长度一般为 50~300 bp 较适宜。

1. 探针的分类

（1）DNA 探针

①这种探针主要与相应的载体连接后，进行无限繁殖，制备的方法简便；②和 RNA 探针相比，DNA 探针不易被降解，能有效抑制 DNA 酶活性；③目前，DNA 探针标记法相对成熟，如：RCR 标记法、随机引物法、缺口平移法等。

（2）cDNA 探针

由 mRNA 转录而来，在逆转录酶作用下，以 mRNA 为模板，合成 cDNA 链，将合成的 cDNA 插入载体，构建 cDNA 文库，进行阳性克隆质粒筛选，再进一步扩增、酶切、纯化 cDNA 片段，该探针的长度较长，可与靶序列形成杂交体，其稳定性、特异性比寡核酸探针高。另外，cDNA 是双链，需先进行变性后再进行杂交，杂交过程中可能还存在自我复性现象。

（3）RNA 探针

以双链 DNA 为模板，利用噬菌体依赖于 DNA 的 RNA 聚合酶于体外转录而成，由于 RNA 探针是单链分子，所以与靶序列的杂交反应效率极高，且稳定性强，未杂交探针可用 RNase 降解，减少错配的出现，但 RNA 容易降解。

（4）寡核苷酸探针

可以根据需要合成相应序列，探针短，序列复杂性低，分子量小，且长度一般为 18~50 bp，该探针可以区分仅一个碱基差别的靶序列，能够使用酶学或化学方法进行非放射性标记，该探针制作方便，试验人员可根据需要自行设计，避免天然核酸探针存在的高度重复序列；比活度高，适用于大多数杂交，如：Southern、Northern 原位杂交等。

2. 探针标记物的选择

（1）放射性标记

常用于标记探针的同位素有 ^{32}P、^{3}H、^{35}S、^{14}C、^{125}I、^{131}I 等，其主要的

优点为检测特异性强、灵敏度高，对酶促反应无任何影响，也不影响碱基配对的特异性与稳定性；缺点为易造成放射性污染，半衰期短的同位素应用受到限制，需在用前制备，不能长时间存放，且对人体有一定危害；

（2）非放射性标记

主要是由半抗原物质（生物素和地高辛）、配体、荧光素（FITC、罗丹明）及化学发光探针等，其优点主要为无放射性污染，可长时间存放，检测快速，可同时进行不同标记探针的杂交；缺点为灵敏度、特异性都不太高、杂交条件受报告基团的限制。

3. 探针标记法

（1）切口平移法

用适量的 DNase I 在 Mg^{2+} 存在下，打开双链 DNA 上若干个单链缺口，并利用 DNA 聚合酶 I 的 5′ –3′ 核酸外切酶活性在切处将旧链从 5′ – 末端逐步切除。同时，在 DNA 聚合酶作用下，将 dNTP 连接到切口的 3′ – 末端 –OH 上，以互补的 DNA 单链为模板合成新的 DNA 单链。值得注意的是，在各种螺旋状态下及线性的双链 DNA 可作为缺口平移法的标记底物，单链 DNA、单链 RNA 和双链 DNA 片段大于 100~200 bp 的建议不要采用此方法。

（2）随机引物法

将待标记的 DNA 探针片段变性后与随机引物一起杂交，然后以此杂交的寡核苷酸为引物，E Coli DNA 聚合酶 I 大片段的催化下，合成与探针 DNA 互补的 DNA 链，若反应液中含有 dNTP 时，即形成标记的探针。该方法可以进行双链 DNA、单链 DNA 和单链 RNA 标记，值得注意的是所得的标记产物是新合成的 DNA 单链，而加入的 DNA 片段则不能被标记。

（3）末端标记法

该方法与上述方法不同，DNA 末端标记不是将 DNA 片段的全长进行标记，而是标记其中一段（5′ 或 3′ 端）进行部分标记，该标记非均匀标记，且标记的活性不高。T4 DNA 聚合酶、多核苷酸激酶、末端脱氧核苷酸转移酶等，都可以用于 DNA 末端标记。

（4）PCR 标记法

将标记的核苷酸作为 PCR 反应的底物，以待标记的 DNA 为模板，经 PCR 反应，标记的核苷酸掺入到新合成的 DNA 分子中，该技术仅需微量的 DNA 模板，可省去质粒扩增、电泳制备、酶切等操作步骤，与随机引物法和缺口平移法相比，更为简便、快速、探针产量高等优点。需注意的是，在进行 PCR 标记过程中靶 DNA 浓度不能太高，循环数不能过多，会导致非特异性标记的出现。

4. 探针的纯化

在探针标记后，反应液中可能还存有游离的分子，需进行去除，以免对杂交产生影响。因此，在标记完探针后需进行分离纯化，纯化方法主要有三种。

乙醇沉淀法：无水乙醇可以沉淀 DNA 片段，一些小分子物质和蛋白质存留于上清中，可用无水乙醇沉淀 2~3 次即可将探针片段与杂质分离，达到纯化目的。

凝胶过滤柱层析法：利用凝胶分子筛原理，将大分子 DNA 和小分子 dNTP 等小分子物质分离，大分子探针随着流动相流出，小分子物质则滞留在层析柱中，如：sephadexG-50。

微柱离心法：其原理与凝胶过滤柱层析相同，主要采用洗脱方式进行纯化，而该方法主要采用离心的方式来纯化探针。

第二节　核酸芯片技术

一、基因芯片技术

在 20 世纪 80 年代，随着基因序列数据以前所未有的速度不断增长，传统实验方法已无法系统地获取和诠释日益庞大的基因序列信息。因此，基因芯片（gene chip）技术应运而生，它利用微电子、微机械、生物化学、分子生物学、计算机和统计学等多学科的先进技术，实现了在生命科学研究中心样品处理、检测和分析过程的连续化、集成化和微型化。

1. 基因芯片技术的概念及原理

基因芯片又称DNA芯片，是在固相载体上按照特定的顺序高密度地排列上特定的已知序列的核苷酸，形成核苷酸微阵列，检测待测样品中的互补序列。检测原理是利用核苷酸配对原理，当样本中的标记分子与芯片上的配对探针分子特异性结合，通过激光共聚焦荧光扫描仪或其他检测手段获取信息，经电脑系统处理、分析得到信号值，信号值代表了结合在探针上的待测样品中特定大分子的信息，从而检测对应片段是否存在、存在量的多少。

早期的基因芯片是基于Southern印迹，其中片段DNA附着于固体载体通常是硅片、玻片和尼龙膜上，然后杂交，从一个已知的基因片段在严格条件下制备化学发光或放射性标记的探针。随着基因芯片技术的不断发展，新的实验技术，通过提取供试品中的mRNA，逆转录形成荧光标记的cDNA，将荧光标记的cDNA与基因芯片上的已知序列进行杂交，通过共聚焦系统或电荷偶合器（CCD）检测形成的荧光信号，然后利用计算机软件对数据处理，即可得到基因序列特征或基因表达特征信息。

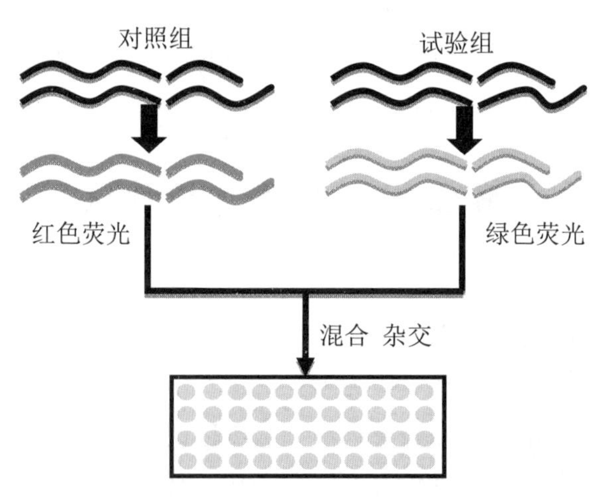

图3-1 基因芯片图（朱光恒绘）

2. 基因芯片技术的特点

基因芯片采用了平面微细加工技术，可实现大批量生产，通过提高集成度，降低单个芯片的成本，同时结合微机械技术，把生物样品预处理进行基因物质的提取、扩增，以及杂交后信息检测集成为芯片实验室，制备成微型、自动化、无污染、可用于微量试样检测的高度集成智能基因芯片，与传统的核酸印迹杂交技术相比，基因芯片具有诸多优点，如可信度高、信息量大、操作简单、重复性好等。如：

（1）高度并行性：有利于基因芯片所示图谱的快速对照和阅读，效率大为 提高。

（2）多样性：提供了样品的多指标测定，可以同时检测多种样品或同种样品的不同分型。

（3）微型化：对样品的需要量非常少，而且还能节省试剂用量，降低成本。

（4）自动化：减少人力投入，并保证了质量。

3. 基因芯片技术的应用

人类基因组计划推动了后基因组或功能基因组研究，要同时研究生物体成千上万条基因的功能，特别是研究基因与基因之间表达与调控的复杂网络关系，以杂交或电泳为基础的基因表达、测序等传统的研究方式效率太低，无法满足基因组与功能基因组研究的要求。要想高效地研究数以万计的基因，迫切需要高效的工具和方法，能高通量地检测大量基因组在各种生理状态下的表达全貌。基因芯片技术在这种环境下应运而生，为满足人类对数以万计基因的研究和应用的迫切需要而发明，被评为 1998 年度十大科技突破之一。

基因芯片技术是在不同技术和学科的基础上产生的，是典型的多技术、多学科交叉的结晶，它涉及物理学、化学、生物化学、核酸化学、分子生物学、遗传学、毒理学、电子工程、机械工程、光学、统计学和计算机科学等，这些学科的研究和技术的发展都促进着基因芯片技术的发展。

基因芯片是在基因组水平上发现并研究基因功能的有力工具。1996 年 Lockan 用其分析 mRNA 的表达水平时，只能检测 1000 个基因。而现在寡核苷酸芯片可以携带目前已知的所有基因（达到 38 500 个）的探针，在一次实验中可以检测 20 000~100 000 个基因，现已广泛用于疾病机制的研究、疾病的分类和诊断、疾病的预测和治疗。

（1）基因表达水平的检测

用基因芯片进行的表达水平检测可自动、快速地检测出成千上万个基因的表达情况。Schena 等用人外周血淋巴细胞的 cDNA 文库构建一个代表 1 046 个基因的 cDNA 微阵列来检测体外培养的 T 细胞对热休克反应后不同基因表达的差异，发现有 5 个基因在处理后存在非常明显的高表达，11 个基因中度表达和 6 个基因表达明显抑制，该结果已用 RNA 印迹方法证实。

（2）基因诊断

从正常人的基因组中分离出的 DNA 与 DNA 芯片杂交就可以得出标准图谱，从患者的基因组中分离出的 DNA 与 DNA 芯片杂交就可以得出病变图谱。通过比较、分析这两种图谱，就可以得出病变的 DNA 信息，这种基因芯片诊断技术以其快速高效、敏感、经济、平行化、自动化等特点，将成为一项现代化诊断新技术。现在，肝炎病毒耐药基因突变检测诊断芯片、结核杆菌耐药性检测芯片、多种恶性肿瘤相关标志物基因芯片、地中海贫血突变点筛检芯片等一系列诊断芯片逐步开始进入市场。另外，感染性疾病如呼吸道感染，可将呼吸系统的各种致病微生物的代表基因集中到同一芯片上，配合 PCR 技术，只用微量标本即可做出诊断。2003 年 SARS（严重急性呼吸道综合征）的致病微生物变异冠状病毒即是用基因芯片诊断的。同样，泌尿生殖道感染、消化系统感染、血液中病毒（如乙肝、丙肝、艾滋病、梅毒等）都可用联合芯片进行一次性检测。

（3）药物筛选

如何分离和鉴定药物的有效成分是目前中药产业和传统的西药开发遇到

的重大障碍，基因芯片技术是解决这一障碍的有效手段。可以利用基因芯片分析用药前后机体的不同组织、器官基因表达的差异，即可从基因水平上解释药物的作用机制。利用RNA、单链DNA有很大的柔性，能形成复杂的空间结构，更有利于与靶分子相结合，可将核酸库中的RNA或单链DNA固定在芯片上，然后与靶蛋白孵育，形成蛋白质-RNA或蛋白质-DNA复合物，可以筛选特异的药物蛋白或核酸。因此，芯片技术和RNA库的结合在药物筛选中将得到广泛应用。生物芯片技术使得药物筛选、靶基因鉴别和新药测试的速度大大提高，成本大大降低。

（4）个体化医疗

临床上，同样剂量的药物对不同患者的治疗效果不同，这主要是由于患者在遗传学上存在差异，导致对药物产生不同的反应。例如细胞色素P450酶与约25%广泛使用的药物的代谢有关，如果患者该酶的基因发生突变就会对降压药异喹胍产生明显的不良反应，现已弄清楚这类基因存在广泛变异，这些变异还与其他疾病有关，如肿瘤、自身免疫病和帕金森病。

（5）测序

基因芯片利用固定探针与样品进行分子杂交产生的杂交图谱而排列出待测样品的序列，这种测定方法快速而具有十分诱人的前景。Hacia等用含有48 000个寡核苷酸的高密度微阵列分析了黑猩猩和人BRCA1基因序列的差异，结果发现在外显子11约3.4 kb长度范围内的核酸序列同源性达98.2%~83.5%，提示了两者在进化上的高度相似性。

（6）生物信息学研究

人类基因组计划（HGP）是一项伟大而影响深远的研究计划，问题是面对大量的基因序列如何研究其功能，只有知道其功能才能真正体现HGP计划的价值。基因芯片技术就是为此而诞生的，其必将成为未来生物信息学研究中的一个重要信息采集和处理平台，成为基因组信息学研究的主要技术支撑。如研究基因生物学功能的最好方式是监测基因在不同状况下在机体中活性的变化。此工作很麻烦，但基因芯片技术可允许研究者同时测定成千上万个基因的作用方式，几周内获得的信息，用其他方法需要几年，尽管基因芯片技术已经取得了巨大的发展，但仍存在许多难题，如技术成本昂贵、复杂、检测灵敏度低、重复性差、分析范围窄等，主要表现在样品制备、探针合成与固定、分子标记、数据读取与分析等方面，需不断提高技术水平。随着技术水平的提高和规模化生产，上述问题将会一一得到解决。因此，相关的基因研究和生物信息产业才刚起步，但其将来的发展前景是无法估量的。

4. 展望

基因芯片技术经过 20 年的发展已经形成了一个系统的平台，从样品制备、芯片制作、芯片杂交、数据扫描到后期的数据管理、储存以及深度数据挖掘都有了标准化的流程，同时也积累了庞大的公共数据库，基因芯片技术正从实验室筛选手段，逐步走向产业化的应用。目前基因芯片的制备主要向两个方向发展：高密度化和微量化。原位合成的芯片密度已经达到了每平方厘米数百万个探针，一张芯片上足以分析一个物种的基因组信息。芯片检测的下限已经能达到纳克级总 RNA 水平，这为干细胞研究中特别是 IPS 干细胞的表达谱研究提供可能。另一方面，微量化也体现在芯片矩阵面积的微量化，即在同一个芯片载体上平行的进行多个矩阵杂交，大大减少系统和批次可能带来的差异。

同其他技术一样，基因芯片技术也存在一些限制：首先，由于基因芯片检测是依靠探针和靶序列之间的杂交来实现，因此杂交动力学的范围将影响基因芯片对转录水平的检测；另外，基因芯片检测涵盖了不同种类的基因，不同的基因与探针之间的错配将在很大程度影响匹配探针的杂交效率。此外，基因芯片只能检测已知的基因表达和基因结构的变化，对于一些未知的基因和基因结构的变化还需要结合其他技术。

二、液相芯片技术

在 20 世纪 90 年代末，美国 Luminex 公司将流式细胞仪、数字信号处理器和一种激光检测装置相结合，开发了一种具有多指标同步分析功能的芯片技术，称为液态芯片（liquid chip）。这项新型芯片技术既能为后基因组时代科学研究提供强大的技术支持，又能提供高通量的新一代分子诊断技术水平台。它以微球体代替细胞作为反应载体，可进行蛋白、核酸等生物大分子的检测，不仅从细胞水平深入到分子水平，其检测范围也得到前所未有的扩展。

1．液相芯片技术的概念及原理

液相芯片，也称为微球体悬浮芯片（suspension array），是基于 xMAP（Flexible Multi Analyte Profiling）技术的新型生物芯片技术平台，它是在不同荧光编码的微球上进行抗原和抗体、底物和酶、配体和受体的结合反应及核酸杂交反应，通过红、绿两束激光分别检测微球编码和报告荧光来达到定性和定量的目的，一个反应孔内可以完成多达 100 种不同的生物学反应，是继基因芯片、蛋白芯片之后的新一代高通量分子检测技术平台。由于分子杂交是在悬浮溶液中进行，检测速度极快，其设计理念亦同样体现了计算机芯片的并行处理和高密度集成、高通量的精髓，所以冠以“液相芯片”之称，又称多功能悬浮点阵（MASA）。

液相芯片体系以许多大小均一的圆形微球（直径 5.5~5.6 μm）为主要基质构成，每种微球上固定有不同的探针分子，将这些微球悬浮于一个液相体系中，就构成了一个液相芯片系统，利用这个系统可以对同一个样品中的多种不同分子同时进行检测。在液相系统中，为了区分不同的探针，每一种固定有探针的微球都有一个独特的色彩编号，或称荧光编码。在微球制造过程中掺入了红色和橙色两种荧光染料（这两种染料各有 10 种不同区分），从而把微球分为 100 种不同的颜色，形成一个具有独特光谱地址的阵列。不同颜色微球在分类激光激发下产生的荧光互不相同，这种分类荧光是识别不同微球的唯一途径。利用这 100 种微球，可以分别标记上 100 种不同的探针分子。

检测时先后加入样品和报告分子与标记微球反应，样品中的目的分子（待检测抗原或抗体、生物素标记的靶核酸片段、酶等）能够与探针和报告分子特异性结合，使交联探针的微球携带上报告分子藻红蛋白，随后利用仪器（如 Luminex 100）对微球进行检测和结果分析。Luminex 100 采用微流技术使微球快速单列通过检测通道，并使用红色和绿色两种激光分别对单个微球上的分类荧光和报告分子上的报告荧光进行检测。红色激光可将微球分类，从而鉴定各个不同的反应类型（即定性）；绿色激光可确定微球上结合的报告荧光分子的数量，从而确定微球上结合的目的分子的数量（即定量）。因此，通过红绿双色激光的同时检测，完成对反应的实时、定性和定量分析。

迄今为止十年时间，全球已有数百套基于 xMAP 技术的检测平台用于免疫学、蛋白质、核酸检测、基因研究等领域，该技术已成为一种新的蛋白质组学和基因组学研究工具，也是最早通过美国食品与药物管理局（FDA）认证的可用于临床诊断的生物芯片技术。

2. 液相芯片技术的特点

液相芯片技术最突出的特点在于：仅需少量样本即可同时定性、定量检测同一样本中的多种不同目的分子，即多重检测（multiplexing），与常规免疫学或核酸检测方法相比，液相芯片技术具有以下显著优点。

（1）高通量：液相芯片技术可对同一样本中的多种不同目的分子同时进行实时、定性、定量分析。从理论上说，如果不存在交叉反应，检测的通量等于微球的种类数，目前最多可达到 100 种。这远胜过一次只能检测一个项目的传统免疫分析法。

（2）样本用量少：由于在同一个反应孔中可以同时完成 100 种不同的生物学反应，大大节省了样本用量，1 μL 的样本亦可检测。

（3）操作简单、快速：由于液相芯片技术是基于液相反应动力学，因此反应速度快，孵育时间比传统的固相检测短。进行免疫学分析时，若使用高亲和力抗体，2~3 h 内即可完成检测，而核酸杂交分析在 PCR 扩增后最快 1 h 内可得到结果。

（4）灵敏度高：芯片体系中的微球表面积大，每个微球上可包被 100 000 个捕获抗体，如此高密度的捕获抗体保证了最大程度与样本中的抗原分子结合，提高检测灵敏度，其最低检测浓度可达到 0.1 pg/mL。

（5）检测范围广：液相芯片技术检测范围可达 3~5 个数量级，如 BioRad 公司细胞因子检测试剂盒的检测范围为 0.2~32 000 pg/mL，而样品无需稀释与浓缩。同时，此技术也适用于各种蛋白和核酸的分析，商品化试剂盒的使用者只需增减探针交联微球和标记分子即可满足不同检测项目的需要。

（6）特异性强：芯片无需洗涤就能自行区分开，并且只读取单个微球上的荧光信号，信噪比好。

（7）准确性高：微球上的报告分子荧光强度与结合的待测分子成正比。由于液相芯片技术的检测范围大，不需像 ELISA 检测中需将样本多倍稀释，从而减小了误差，提高了准确性。

（8）重复性好：与 ELISA 依靠酶放大作用的比色读数相比，液相芯片技术更加直接、稳定、灵敏；每种微球检测 100 个，最终选取荧光强度的中值作为结果，这相当于对每个样本重复检测了 100 次，而 ELISA 仅为双复孔或三复孔，因此液相芯片检测结果的准确性和重复性是 ELISA 无法比拟的。

液相芯片技术也有一个比较大的缺点，就是在蛋白分析过程中，由于部分血清中含有嗜异性抗体，可与微球或捕获抗体直接连接，从而形成非特异性的背景值，但这种非特异影响可以通过设定内对照和使用阻断液来消除。

3. 液相芯片技术的应用

液相芯片是继平面芯片之后的一种新型芯片技术，是一种非常灵活的多元分析平台。在核酸、蛋白质等生物大分子的大规模分析中具有巨大的应用潜力，可用于免疫分析、核酸研究、酶学分析、受体配体识别分析等众多领域的研究，蛋白质与蛋白质的互作、蛋白质与核酸的互作分析等都可以在同一个平台上实现。

鉴于液相芯片技术在高通量定性和定量检测上的优势，在基因组学研究、蛋白质组学研究、药物开发、基础研究和临床诊断等方面的应用十分广泛，研究者可根据研究需要自行制备探针交联微球，建立反应体系，也可使用种类繁多的商品化试剂盒进行分析。大体说来，液相芯片技术的应用包括两大部分：液相蛋白芯片和液相基因芯片，前者主要是基于抗原抗体反应，而后者实质为核酸杂交。现将液相芯片技术在检测细胞因子、病原微生物、基因突变、基因表达分析、细胞信号转导途径研究等方面的应用综述如下：

（1）定量检测细胞因子

细胞因子在机体内可参与多种免疫机能，而某些细胞因子具有相同功能，并且可以调节其它细胞因子的合成和分泌。因此同时检测多种细胞因子有利于全面判断机体免疫功能并解分子水平的免疫调节机制，在疾病的诊断、病程观察、疗效判断及细胞因子治疗监测方面有重要意义，还可用于研究发病机制、药物作用机理和药物临床试验。

目前常用于检测体液和细胞培养上清中细胞因子的方法有 ELISA、TRFIA 等，这些方法灵敏度、特异性和准确性都较好，但也存在一些局限性：每次仅能检测一种细胞因子，如果需要同时分析多种细胞因子，则检测费用较为昂贵且费时，完成检测所需的样本量较大，非常浪费，对一些剂量较少的样本（如鼠血清、儿童患者标本）就比较困难。能够同时检测数种细胞因子的方法有 RT-PCR、Northern Blot 等，但它们均不能准确定量分泌性细胞因子，而且每次检测的细胞因子数目有限。用传统方法检测多种细胞因子时，要求的样品量多且费用高，ELISA 的检测范围仅 1~2 个数量级，而液相芯片可同时检测同一样品中的多种分子，具有特异、快速、灵活、重复性好的特点。其检测范围为 3~4 个数量级，检测灵敏度也远胜于 ELISA，其优势是显而易见的，因此定量检测细胞因子成为目前液相芯片技术应用最为活跃和广泛的领域之一。尤其是 2004 年以来，随着市场上越来越多的商品化试剂盒的涌现，液相芯片技术检测细胞因子的研究报道数量迅猛增加，大有取代常规 ELISA 方法之势。

Jager 等人自行制备抗体交联微球，同时检测了人血浆和关节滑液中的 30 种细胞因子、趋化因子和粘附分子，其检测灵敏度为 1.0~26.4 pg/mL，检测范围达 4 个对数值，批内变异系数为 8.1%，批间变异系数为 11.4%；液相芯片与 ELISA 法检测结果的相关系数 R2 为 0.88~0.99。国外多家公司已推出了商品化的细胞因子液相芯片检测试剂盒，比如BioSource公司的Antibody Bead Kit、Bio Rad公司的Bio Plex系列等，可用于来自人、小鼠、大鼠的样品，有一次检测单种细胞因子的试剂盒，也有预先混合多种细胞因子抗体交联微球，而一次检测多个指标者，研究者还可根据自身需要自行选购某几种交联微球。这些试剂盒在检测灵敏性、准确性、可靠性等方面都具有很好的性能，如Bio Rad公司的Bio Plex细胞因子检测试剂盒，其灵敏度可达2~4 pg/mL，最高检测浓度可达16 000~32 000 pg/mL，线性检测范围为3~5个数量级，批内和批间变异系数小于10 %。不过这些试剂盒均未获得FDA用于体外诊断的批准，仅限于实验研究用途。

（2）检测SNP

单核苷酸多态性（SNP）是指在基因组水平上由于单个核苷酸改变所引起的DNA序列多态性。它是人类可遗传的变异中最常见的一种，占所有已知遗传多态性90%以上。SNP在人类基因组中广泛存在，平均每500~1 000个碱基对中就有1个，估计其总数可达300万个甚至更多。随着人类基因组计划的完成，基因组多态性研究，尤其是SNP检测，已经成为一个重要的研究热点。

利用液相芯片技术进行SNP分析的研究报道已有很多，通过液相芯片技术可应用多种不同的SNP基因型分析方法，如单碱基链延伸法（SBCE）、等位基因特异性引物延伸法（ASPE）、寡核苷酸连接法、直接杂交法、竞争杂交法等。采用液相芯片技术进行SNP分析，96孔板上每孔可检测50种SNP，仪器分析96个孔的数据只需1 h，这样每台仪器每天（8 h）可完成30 000个以上基因型的检测，每个SNP的平均检测费用据估算不到0.20美元，并且主要取决于SNP数目、联检项目数量、标本数量、人力和试剂费用等因素。因此，用液相芯片进行SNP分析比DNA测序或者基因芯片操作更加简便、快速、高效、准确、重复性好、通量高、费用低，而且单管反应即可检测多种SNP，在研究SNP与疾病（心血管疾病、肥胖、肿瘤等）发生、法医鉴定等方面具有显著的优势和广阔的应用前景。

（3）检测病原体和诊断感染性疾病

液相芯片技术不仅可用免疫学方法检测机体感染病原体（包括病毒、细菌、真菌、寄生虫等）后产生的血清抗体，也可直接检测病原体抗原和在基因水平上检测病原体的核酸，其用途十分广泛，如血清学诊断、病原体分型、疫苗效力评价、食品安全、环境监测、生物反恐等。这方面的研究报道很多，一般都将液相芯片和传统的 ELISA 法（金标准）进行检测结果比较。

4. 病原体的检测和分型

液相芯片技术实现了在一个反应中不仅可以检测出病原体，同时还可检测出多种血清型和血清亚型，通过 PCR 以及与交联在微球上的特异性探针杂交而完成。如果在液相芯片技术中引入 DNA 树形大分子（dendrimer）信号放大方法，只需使用基因组 DNA 即可对一些病原体，如单核细胞增生性李斯特菌进行了血清型鉴定，该方法不需 PCR 扩增，与多重 PCR 不同的是，它易于通过设计更多针对不同区域的探针序列来提高分型的分辨率。用液相芯片技术进行病原体基因检测和分型鉴定可将核酸杂交分析的特异性、可靠性及液相芯片技术的快速、灵敏性结合起来，能精确区分相差一个核苷酸的不同种属细菌，灵敏度达到 10^1~10^3 基因组拷贝或 <1 pg DNA。

5. 蛋白质的检测

液相芯片技术在蛋白水平的检测，是将蛋白作为探针偶联到微球上，其原理是抗原—抗体反应。该技术可以利用 100 种不同的聚苯乙烯微球，而每种微球的表面可以偶联某一特定抗原，与标记抗体进行孵育并洗涤后进行检测，实现在同一反应孔内同时检测上百种抗原抗体。因此该方法被称为多通路免疫荧光检测方法（MFIA），该方法具有高通量、快速、灵活的特点，可以利用 MFIA 进行实验动物质量控制方面的研究。目前已经推出了应用于大鼠、小鼠、仓鼠、豚鼠、兔等实验动物血清学检测相关试剂。

液相芯片技术检测蛋白的方法有双抗体夹心法、竞争法和间接法。双抗体夹心法用于检测抗原，如激素、酶、药物、疾病标志物等，其原理与 ELISA 的双抗体夹心法相同，是将针对这些抗原蛋白的抗体偶联到微球上作为探针进行检测。Bjerre 等人利用多重分析方法同时检测猪的细胞因子 IL-1β、IL-6、IL-8、IL-10 等，未发现交叉反应。竞争法只适用于一些小分子，单一表位或者单一抗体，它的优点是可以对不纯的样本进行检测。间接法适用于血清中抗体的测定，是将蛋白质抗原偶联到微球上作为探针进行检测。

6. 展望

液相芯片技术以其高通量、准确、快速、灵敏、特异、多重检测、操作简便及可定性定量等显著优点，成为一种极具吸引力的大规模生物检测平台，几乎可用于任何分子相互作用的检测。随着越来越多的致病基因突变的鉴定需求，分子生物学实验室要检测的 DNA 大幅度增加，我们迫切需要快速，精确，经济的高通量核酸检测方法。研究表明 xMAP 平台能充分满足这一需求，随着商业化试剂盒的开发，在实验室开展依赖 xMAP 技术的核酸检测变得更容易，应用也更加广泛。随着高特异性、高亲和力抗体的产生以及微球、分析仪器和软件的不断发展改进，能同时检测的指标数目还将不断增加，灵敏度也将不断提高，并逐渐实现仪器微型化和操作自动化，该技术不仅将丰富生命科学研究的实验手段，大大推进基础研究进程，还将在临床诊断、高通量药物筛选、环境监测、农业检测和法医学等领域中掀起一场技术革命。

第三节 核酸扩增技术

随着全球贸易一体化及我国巩固脱贫攻坚成果、实施乡村振兴战略的部署，畜禽产品及相关衍生产品的需求量日益增大，我们将面对越来越复杂的疫情传播和外来生物入侵等问题。为了在边防检疫及农牧业疫病防控上做到快速而准确的预判，特异及高效的检测技术在防控检疫系统上备受青睐，而核酸扩增技术便是其中的骨干技术之一。

核酸扩增技术为一大类技术的总称，主要包括普通 PCR，荧光定量 PCR，LAMP 及数字微滴 PCR 等一系列技术，本章节主要就各种技术的原理及方法进行总结。

一、普通 PCR 技术

核酸（DNA 与 RNA）是遗传信息的载体，是指导蛋白合成的模板，也是所有已知生命形式必不可少的组成物质。随着现代生物技术的日益发展，核酸的实验研究为现代生物学和现代医学奠定了一定的基础，并为基因组学及法医学的发展开拓了广阔的前景。从现代生物学发展至今，科学家对核酸的研究已有百年的历史，但核酸的体外研究一直因受含量较少而停滞不前。直到 1983 年美国生物化学家 Mullis 发明了 PCR 技术，从此打开了核酸扩增技术的大门，而之后 Saiki 在美国黄石公园温泉水中提取到一种耐热 DNA 聚合酶，使得 PCR 技术的更加成熟，并在近几十年里成功拓展出各种衍生技术。PCR 技术作为核酸扩增系列的基础，奠定了近代遗传与分子生物学分析的基石，并给生物化学、分子生物学、遗传学及医学等多个学科带来了深远的影响。

（一）普通 PCR 的原理

PCR 即聚合酶链式反应，是指在 DNA 聚合酶催化下，以母链 DNA 为模板，以特定引物为延伸起点，通过变性、退火、延伸等步骤，在体外复制出与母链模板 DNA 互补的子链 DNA 的过程（图 3-2），是一种用于放大扩增特定 DNA 片段的分子生物学技术。其技术相对比较简单，可高度模仿 DNA 天然半保留复制的过程。

1. PCR 主要由变性 – 退火 – 延伸三个基本反应构成：

（1）模板 DNA 的变性：模板与高温下，双链之间氢键断裂从而形成单链，以便下一步的反应，为引物结合做准备。

（2）模板 DNA 与引物的退火（复性）：在低温下，引物与模板 DNA 互补序列配对结合。

（3）引物的延伸：中温延伸，在 DNA 聚合酶及 dNTP 和 Mg^{2+} 的存在下，酶催化以引物为起始点（5′ →3′ ）的 DNA 链延伸反应，从而合成与模板链互补的 DNA 子链。

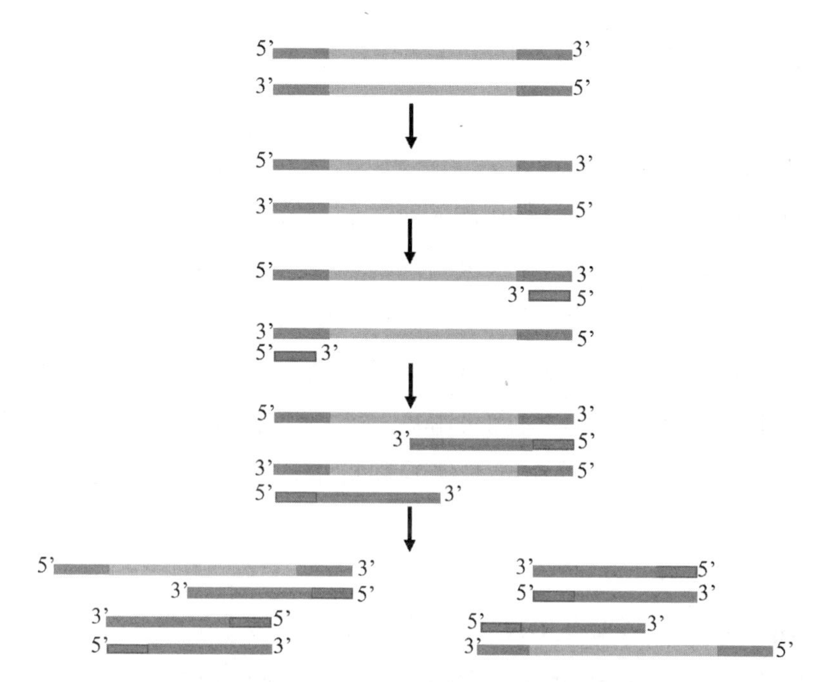

图 3-2 普通 PCR 扩增原理（陈婉婷绘）

以上三个步骤为一个循环，每个循环的产物均可作为下一个循环的模板，经过 n 次循环后，目的基因以 2^n 的形式增加。

（二）PCR 的基本原料

PCR 的基本原料主要由五个要素组成，包括模板、引物、DNA 聚合酶、底物和缓冲液。

1. 模板

即需要扩增的目的基因，PCR 对模板 DNA 的纯度要求一般，但应尽量不含对 PCR 有抑制作用的杂质存在，如蛋白酶、DNA 聚合酶抑制剂、核酸酶和能与 DNA 相结合的蛋白质等。除了纯化的 DNA 外，PCR 反应亦可直接使用细胞做模板进行扩增，如菌落 PCR。虽然 PCR 对模板的纯度和核酸量要求不高，但两者的质量高低直接影响 PCR 的成功与否，所以对模板纯度的适当优化有助于我们整体的试验进行。传统的 DNA 纯化方式采用 SDS 和蛋白酶来消化样品中一些杂质。

若用起始样品为 RNA，则需要运用逆转录得到 cDNA 后进行常规的 PCR 操作。

2. 引物

引物是指在核苷酸聚合作用起始时，刺激合成的一种具有特定核苷酸序列的大分子，与模板 DNA 以氢键形式连接。引物通常是人工合成的两段寡核苷酸序列，一个引物与靶区域一端的一条 DNA 模板链互补，另一个引物与靶区域另一端的另一条 DNA 模板链互补，其功能是作为核苷酸聚合作用的起始点，核酸聚合酶可由其 3′ 端开始合成新的核酸链。引物浓度过高会导致碱基错配或引起非特异性扩增，而过低则会使 PCR 产物过少。

3. DNA 聚合酶

DNA 聚合酶是以亲代 DNA 为模板，催化底物 dNTP 分子聚合形成子代 DNA 的一类酶。由美国科学家 Arthur Komberg 于 1957 年在大肠杆菌中发现的，被称为 DNA 聚合酶 I，而后研究者陆续在其他原核生物及真核生物中找到了多种 DNA 聚合酶。DNA 聚合酶以 DNA 单链为模板，以碱基互补配对原则为基础，按照 5′ → 3′ ，方向合成，且 DNA 聚合酶不能催化 DNA 从头合成，必须通过引物，催化 dNTP 加入核苷酸链的 3′ -OH 末端。DNA 聚合酶浓度过高会导致非特异性扩增，过少会使得产物产量过低。

4. 底物（dNTP）

PCR 反应的底物为脱氧核苷三磷酸（dNTP），底物的浓度和质量与 PCR 的效率息息相关，过高反应会加速，但误差大，过低反应较慢，但精确度高。

5. 缓冲液

缓冲液的成分较为复杂，除水外一般包括 4 个有效成分：①缓冲体系，一般使用 HEPES 或 MOPS 缓冲体系；②一价阳离子，一般采用 K^+，但在特殊情况下也可使用 NH_4^+；③二价阳离子，即 Mg^{2+}，根据反应体系确定，除特殊情况外不需调整，Mg^{2+} 对 PCR 扩增的特异性及产量有着显著的影响；④辅助成分，常见的有 DMSO、甘油等，主要用来保持酶的活性和帮助 DNA 解除缠绕结构。

（三）PCR 的操作方法

1. 引物的设计

PCR 引物设计的目的是找到一对合适的核苷酸片段，使其能有效地扩增模板 DNA 序列。引物的优劣直接关系到 PCR 的特异性及成功与否，也是 PCR 中至关重要的一个环节。引物设计一般有以下几个原则。

（1）引物与模板的序列要紧密互补，应在核酸 DNA 序列保守区内进行设计并具有特异性；

（2）引物与引物之间不存在互补序列，且避免在 3′ 端使用碱基 A，最好选碱基 T，以避免形成稳定的二聚体或发夹结构，另外引物的 5′ 端可进行修饰，但 3′ 端绝不可，因为引物的延伸是从 3′ 端开始；

（3）引物长度一般在 18~30 bp 之间，常用为 18~27 bp，不能大于 38 bp，过短的引物会降低扩增特异性而过长的引物会导致延伸温度过高，若大于 74 ℃，则不适于 Taq DNA 聚合酶进行催化；

（4）引物序列中的 GC 含量为 40%~60%，过高过低都不利于反应，Tm 值（退火温度）一般为 55~60 ℃。

5. 四种碱基随机分布

除以上几点原则以外，还需考虑引物与模板形成双链的内部稳定性（用 ΔG 值反映），在错配位点的引发效率等，必要时还需对引物进行修饰，如增加限制性内切酶位点等。目前可用与设计引物的软件较多如 Primer 5.0、Oligo 6 等。引物设计完成以后，应对其进行 BLAST 比对检测。如果扩增出来的目的片段与其它基因不重合，就可以进行下一步的实验了。

2. 模板的制备

模板的取材主要依据 PCR 的扩增对象，可以是病原体标本如病毒、细菌等，也可以是病理生理标本如细胞、血液、羊水细胞等。标本处理的基本要求是除去杂质，并部分纯化标本中的核酸。多数样品需要经过 SDS 和蛋白酶 K 处理，难以破碎的细菌，可用溶菌酶加 EDTA 处理。所得到的粗制 DNA，经酚、氯仿抽提纯化，再用乙醇沉淀后用作 PCR 反应模板。

3. 反应体系

PCR 反应的总体系一般在 25 μL，以下为标准 PCR 反应体系所需要的试剂。

表 3-1　PCR 反应体系

项目	体积（μL）
上游引物	1.5
下游引物	1.5
2 × Taq PCR Mix	15
ddH_2O	5
模板	2
合计	25

4. 循环参数

（1）预变性：模板 DNA 完全变性与 PCR 酶的完全激活对 PCR 能否成功至关重要，建议加热时间参考试剂说明书。

（2）变性步骤：循环中一般 95 ℃，30 s 足以使各种靶 DNA 序列完全变性，可能的情况下可缩短该步骤时间，变性时间过长损害酶活性，过短靶序列变性不彻底，易造成扩增失败。

（3）引物退火：退火温度需要从多方面去决定，一般根据引物的 Tm 值为参考，根据扩增的长度适当下调作为退火温度。然后在此次实验基础上做出预估，退火温度对 PCR 的特异性有较大影响。

（4）引物延伸：引物延伸一般在 72 ℃进行（Taq 酶最适温度）。

（5）循环数：大多数 PCR 含 25~35 循环，过多易产生非特异扩增。

（6）最后延伸：在最后一个循环后，反应在 72 ℃维持 10~30 min. 使引物延伸完全，并使单链产物退火成双链。

5. 产物的检测

荧光素（溴化乙锭，EB）染色凝胶电泳是普通 PCR 最常用的检测手段。在生理条件下，核酸分子的糖 – 磷酸骨架中的磷酸基团呈离子状态，从这种意义上讲，DNA 和 RNA 多核苷酸链可叫做多聚阴离子。因此，当核酸分子被放置在电场中时，它们就会向正电极的方向迁移。在一定的电场强度下，DNA 分子的这种迁移速度，亦即电泳的迁移率，取决于核酸分子本身的大小和构型，分子量较小的 DNA 分子比分子量较大的 DNA 分子迁移要快些。因此我们可以通过条带位置判断产物大小，从而对其进行鉴定。凝胶电泳一般为琼脂糖凝胶电泳、聚丙烯酰胺凝胶电泳和脉冲电场凝胶电泳，其中琼脂糖凝胶电泳是目前实验室最常用的技术。

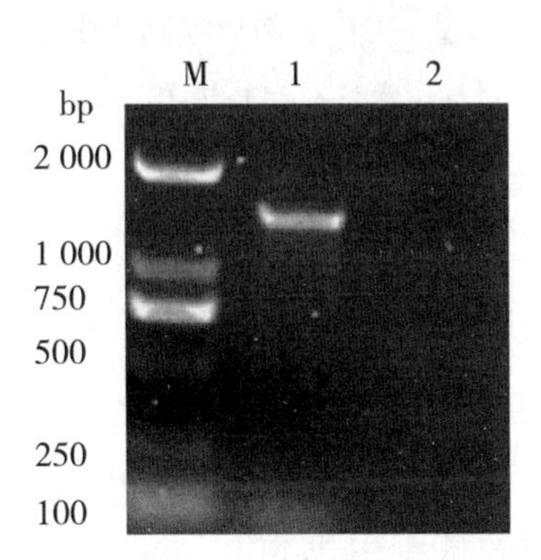

图 3–3　16S rDNA 扩增结果（朱光恒摄）

注：M：DL2000 分子质量标记；1. 16S rDNA 扩增结果；2. 阴性对照

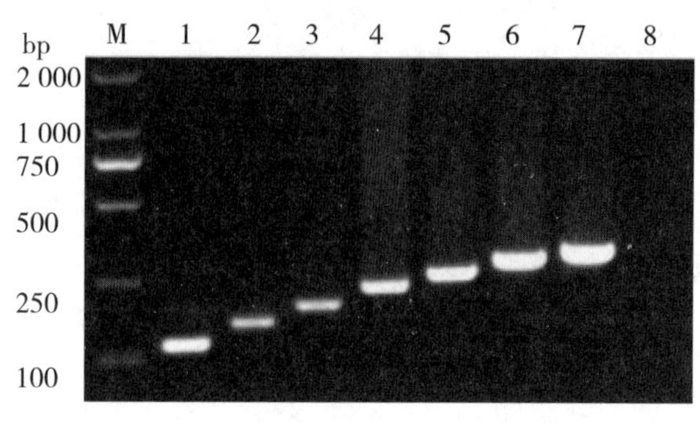

图 3–4　PCR 扩增结果（朱光恒摄）

注：M：DL2000 分子质量标记；1. 猪伪狂犬病毒（PRV）；2. 猪瘟病毒（CSFV）；3. 非洲猪瘟病毒（ASFV）；4. 猪繁殖与呼吸综合征（PRRSV）；5. 副猪嗜血杆菌（HPS）；6. 多杀性巴氏杆菌（PM）；7. 胸膜肺炎放线杆菌（APP）；8. 阴性对照

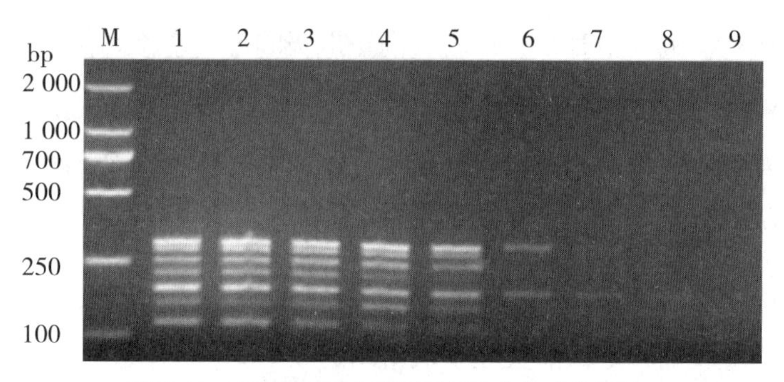

图 3–5　多重 PCR 灵敏度检测（朱光恒摄）

注：M：DL2000 分子质量标记；1~8. 样品从 10^{-1}~10^{-8} 稀释倍数；9. 阴性对照

6. 技术的特点

PCR 反应具有特异性强、灵敏度高、简便快速且对样本纯度不高的特点，使得此技术在检测中占有重要的地位，也为其他 PCR 衍生技术奠定了一定的优势基础。

同样 PCR 技术也会出现一些不可避免的问题：①假阴性，凝胶电泳检测时不出现扩增条带，这可能跟引物的设计、模板的不纯等问题有着密切的关联；②假阳性，出现的 PCR 扩增条带与目的靶序列条带一致，有时其条带更整齐，亮度更高，这有可能是因为靶序列或扩增产物的交叉污染所造成的；③非特异性扩增带，PCR 扩增后出现的条带与预计的大小不一致，或大或小，或者同时出现特异性扩增带与非特异性扩增带，这有可能是出现引物二聚体，需要重新设计引物；④片状拖带或涂抹带，这往往可能是因为酶本身的问题或 dNTP 浓度过高，Mg^{2+} 浓度过高，退火温度过低，循环次数过多造成的，需“对症下药”。

PCR 作为一种划时代的分子生物技术，不仅推动了当代分子生物学的发展，还为之后多种 PCR 衍生技术奠定了基础。虽然随着新技术的出现，普通 PCR 的优点在日益减弱，但对于目前实验室的检测而言，仍是不可或缺的技术。

二、荧光定量 PCR 技术

由于普通 PCR 存在不能准确定量，1992 年 Higuchi 等提出了通过用动态 PCR 方法和封闭式检测方式对目的核酸数量进行定量分析，且大大的减少了扩增产物污染的可能性。而 1991 年 Holland 等发表了 TaqMan probes 技术，再到 1993 年 Lee 等发表的使用双荧光标记的实时荧光 PCR 方法的出现，荧光定量 PCR 凭着其灵敏度高、特异性强及操作简单等优点，逐步进入临床检测的舞台。

（一）荧光 PCR 原理

实时荧光定量 PCR（PCR）是在普通 PCR 的基础上加入荧光标记探针或相应的荧光染料来实现定量功能。即在 PCR 反应体系中加入荧光基团，利用荧光信号积累实时监测整个 PCR 进程，最后通过标准曲线对未知模板进行定量分析的方法。为了定量和比较的方便，我们引入了两个重要的概念：荧光阈值和 Ct 值。

荧光阈值为人为设定的一个值，PCR 反应的前 15 个循环的荧光信号作为荧光本底信号，荧光阈值的缺省（默认）设置是 3~15 个循环的荧光信号的标准偏差的 10 倍，即：threshold =10 × SDcycle 3~15，而每个反应管内的荧光信号到达设定的阈值所需的循环数被称作为 Ct 值（图 3-6）（Cycle threshold）。因为 Ct 值和模板的起始拷贝数的对数存在线性关系，即起始拷贝数越多，Ct 值越小。利用已知起始拷贝数的标准品可作出标准曲线（图 3–7），其中横坐标代表起始拷贝数的对数，纵坐标代 Ct 值。因此，只要获得未知样品的 Ct 值，即可从标准曲线上计算出该样品的起始拷贝数。

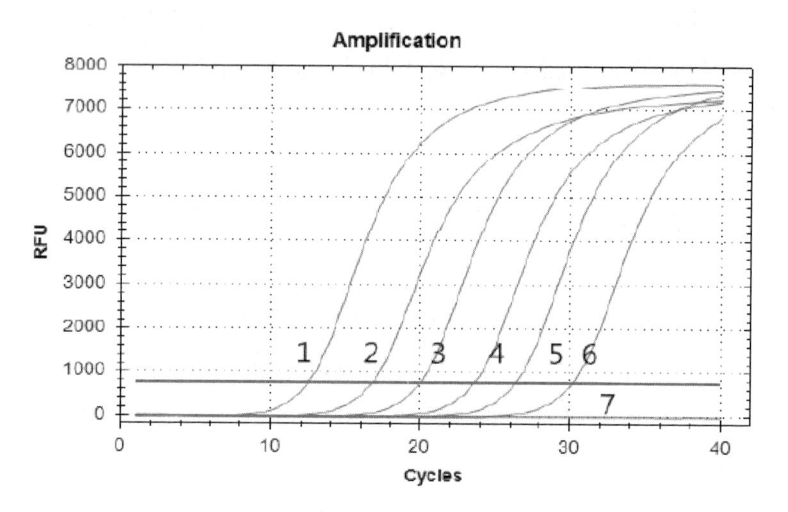

图 3–6　荧光定量 PCR 扩增曲线（伍茜摄）

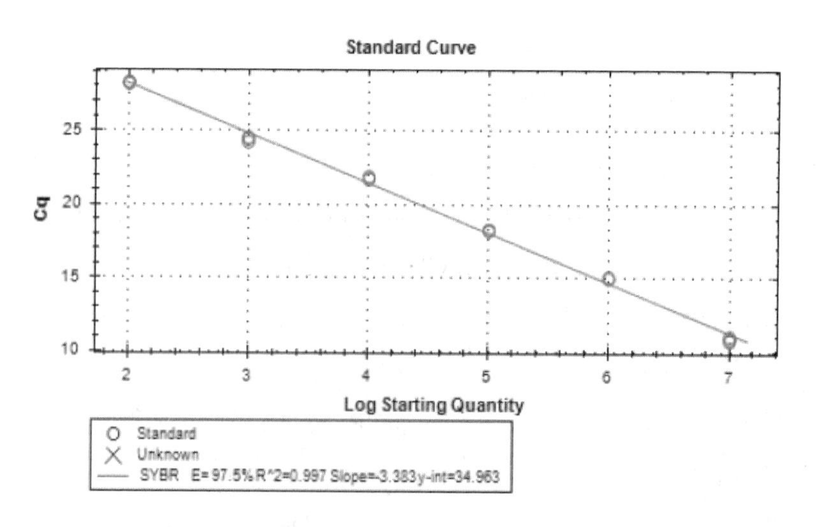

图 3–7　荧光定量 PCR 标准曲线（伍茜摄）

所以我们可以利用以上的原理和理论依据，选择合适的供体分子与受体分子对核酸探针或引物进行标记，再利用核酸杂交和核酸水解使供体受体分子结合或分开，由此建立了各种实时荧光 PCR 方法。目前已开发出几种相关技术，如 Taq ManTM 探针、双杂交探针、分子信标、Amplisensor 和 LUXTM Primers 等。

（二）荧光染料法（SYBR Green Ⅰ法）

1. 技术原理

在 PCR 反应体系中，加入可与双链 DNA 分子结合而发射荧光的染料，在 PCR 反应中，随循环扩增产物不断增加，染料所产生的荧光也不断增加，可通过荧光剂检测到的荧光强度估算扩增产物量。DNA 结合染料是荧光定量 PCR 最早使用的化学染料，主要包括溴化乙锭，SYBR Green Ⅰ、唑磺衍生物等。其中 SYBR Green Ⅰ染色因为其高灵敏性而在定量 PCR 中得到广泛应用。

SYBR Green Ⅰ是在反应体系中加入过量 SYBR 荧光染料，SYBR 荧光染料特异性地掺入 DNA 双链后，发射荧光信号，而不掺入链中的 SYBR 染料分子不会发射任何荧光信号，从而保证荧光信号的增加与 PCR 产物的增加完全同步。

2. 操作方法

（1）引物设计

荧光定量 PCR 因其高灵敏性，需要高效且特异性扩增产物，而引物和靶序列都会影响扩增效率。因此我们必须考虑到引物特异性的设计，目前有很多软件可满足序列设计的要求，如 Primer 5 等。

引物设计原则：

① 引物的 GC 含量为 50%~60%；

② 熔解温度（Tm）为 50~65 ℃；

③ 避免产生二级结构；

④ 避免超过 3 个 G 或 C 重复片段；

⑤ 引物末端碱基为 G 或 C。

⑥ 设计完引物后需在软件上检查其特异性。

（2）基本原料

SYBR Green Ⅰ法主要需要含有 SYBR Green Ⅰ的 PCR 反应液、模板和引物。相关试剂可从商家处购买，并参考产品的说明书进行体系的添加。

（3）条件优化

优化的 PCR 反应灵敏度和特异性更高，可获得更好地扩增效率。我们主要通过以下两个方面来实现，确定最佳退火温度和构建标准曲线。

① 退火温度的优化

PCR 的最佳退火温度在具有温度梯度的仪器上很容易确定。温度梯度的功能允许同时存在于一个温度范围的退火温度，因此一次实验就可得出最佳退火温度。退火温度一般在 Tm 值上下一定范围内，在温度梯度内，得到的最小 Ct 值的温度为最佳退火温度。由于 SYBR Green Ⅰ可与所有 dsDNA 结合，因此有必要通过分析扩增产物来检查 PCR 的特异性，可通过荧光定量 PCR 仪上的熔解曲线功能，也可通过凝胶电泳来检查扩增产物。

② 标准曲线

用未知样本系列梯度稀释样品构建标准曲线，来判定 SYBR Green Ⅰ的反应效率、重复性和动态范围。理想的扩增效率应该为 90%~105%，标准曲线的 $R^2 > 0.980$ 或 R 大于 $|-0.990|$，同时重复样本的 Ct 值应相近。

（4）产物的检测

荧光 PCR 扩增过程中，Ct 值表示每个反应管内的荧光信号（Rn）达到设定的阈值时所有的循环数，其与模板 DNA 的起始拷贝数的对数值存在一定的线性关系，其值越小，起始拷贝数越多。

① 绝对定量法：该方法利用的是标准品做一条标准曲线，通过标准曲线对样本进行定量，合适的标准品是定量准确的关键，要求标准品的扩增序列与样品完全一致，制备的标准品纯度要高，该方法结果可由软件直接给出，不需额外计算。

② 内参法：该方法是指样本与阳性参照在一个反应容器内反应，通过比较两种序列的扩增量来对靶基因定量，这种类型对样本进行质控监测，排除假阴结果，但定量不准。

③ 相对定量反应循环值（Ct）比较法：该方法不需要标准曲线，它是根据 PCR 扩增反应的原理，假设每个循环增加 1 倍的产物数量，在 PCR 反应的指数期得到扩增产物的 Ct 值来反映起始模板的量，通过数学公式来计算相对量。

（5）技术特点

该技术对 DNA 模板没有选择性，适用于任何 DNA，不需要设计复杂探针，使用方便，比普通 PCR 灵敏度高，在荧光 PCR 中价格低廉。

但此技术对引物的特异性要求比较高，且容易与特异性双链 DNA 结合，产生假阳性，同时该技术对实验室的洁净程度要求高。

（三）Taq ManTM 探针法

1. 技术原理

以 Taq Man 探针为基础的实时荧光 PCR 技术，是目前国内临床诊断中最常用的技术之一。此技术基于荧光共振能量转移（FRET），当一个荧光分子（又称为供体分子，荧光基团）的荧光光谱与另一个荧光分子（又称为受体分子，荧光淬灭基团）的激发光谱相重叠时，供体荧光分子的激发能诱发受体分子发出荧光，同时供体荧光分子自身的荧光强度衰减。Taq ManTM 技术是由美国 Perkin Elmer（PE）公司研制的一种实时 PCR 技术，它在一条 20 多 bp 的寡核苷酸探针的两端分别标记上荧光发射基团（R）和淬灭基团（Q），在 PCR 反应中设立标准品模板系列和阴性对照，根据 FRET 原理，探针完整时发射基团发射的荧光信号被淬灭基团吸收；当 PCR 扩增时 Taq 酶的 5′—3′ 外切酶活性将探针酶切降解，使荧光发射基团和荧光淬灭基团分离，从而荧光监测系统可接收到荧光信号，即每扩增一条 DNA 链，就有一个游离的荧光分子形成，实现了荧光信号的累积与 PCR 产物形成完全同步，并计算出 Rn 值、△ Rn 值、Ct 值和阈值。Ct 值是指样品管的荧光信号达到某一固定阈值的 PCR 反应循环数。同时利用标准品模板系列绘制出标准曲线，结合各样品的 Ct 值，就可以确定样品的起初模板量。

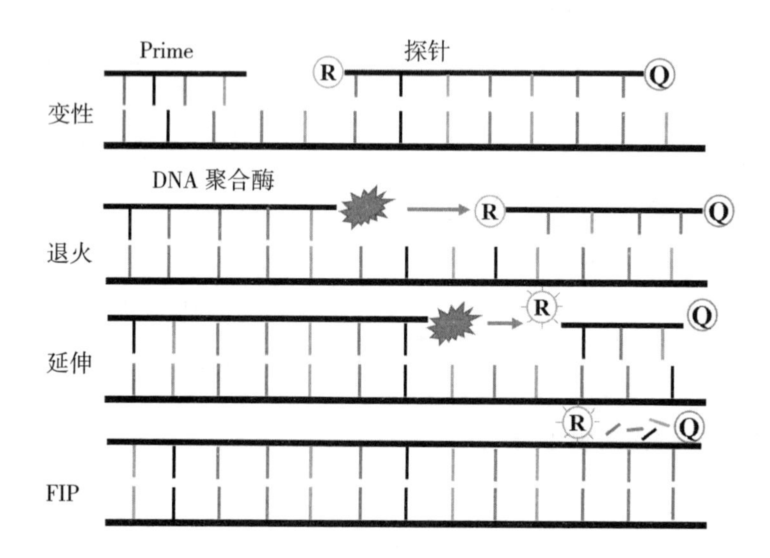

图 3-8 Taq Man 探针原理（陈婉婷绘）

2. 操作方法

（1）引物设计

Taq Man™ 探针法引物设计与普通 PCR 引物设计原则基本相同。但荧光 PCR 的引物设计需将产物长度控制的短些，一般小于 400 bp。

引物设计要求原则：

① GC 含量最佳范围为 50%~60%；

② Tm 值为 55~65 ℃，上下引物的 Tm 之差小于 2 ℃；

③ 引物序列中避免出现连续 4 个相同的碱基；

④ 避免自身形成二级结构；

⑤ 最好设计在不同外显子的区域，避免表面 RNA 纯化过程中基因组 DNA 的污染。

⑥ 设计完后需利用 BLAST 等软件对引物的特异性进行检查。

Taq ManTM 探针设计要求原则：

① 先选择好探针，然后设计引物使其尽可能靠近探针；

② 探针的长度应为 15~45 bp，最好为 20~30 bp；

③ CG 含量为 30%~80%，最佳为 40%~60%；

④ Taq Man 探针 5′ 端不要有 G，因为即使探针被酶切降解，5′ 端所含的 G 仍具有淬灭报告荧光的作用。

⑤ Tm 值为 65~70 ℃，通常比引物的 Tm 值高 10 ℃；

⑥ 探针中的 G 不能多于 C，避免出现三个以上相同的碱基，尤其是 G；使用软件进行分析，避免出现二级结构。

（2）实验优化

同样的，优化后 PCR 反应灵敏度和特异性更高，可获得更好地扩增效率。

① PCR 扩增效率

PCR 扩增效率越接近 100% 越好，因为这种情况下试剂的扩增就越符合 2^n 扩增。可使用含目的基因的质粒进行类似于标准曲线的试验，实验结束后用数据分析软件自动分析计算扩增效率（E）。

② 实验的重复性

采用相关系数（R 值）进行评价，R 值越接近 1 说明实验重复性越好，一般 R 值大于 0.99。

③ PCR 的特异性

与上述 SYBR Green Ⅰ法中的验证方法相同。

（3）技术的特点

Taq ManTM 探针法对目标序列的高特异性使得结果更加准确，重复性比较好，但本身 Taq ManTM 探针需委托公司标记，价格比较高，可其快速、高敏感度及高准确度的优点为动物疫病检测提供了一种新方法。

三、LAMP技术

LAMP即环介导等温扩增反应，是2000年时日本学者Notomi在Nucleic Acids Res杂志上公开了一种新的适用于基因诊断的恒温核酸扩增技术。其反应过程始终维持在恒定的温度下，通过添加不同活性的酶和各自特异性引物来达到快速核酸扩增的目的。与普通PCR相比，等温扩增的要求大大简化，反应时间缩短，是一种简单、快速、准确并廉价的基因扩增方法。

1. 技术原理

LAMP是针对目标DNA链上的6个区域设计4个不同的引物，然后再利用链置换型DNA合成酶在一定温度下进行反应，反应只需要把模板，引物，链置换型DNA合成酶、基质等共同置于一定温度下（60~65 ℃），进一个步骤即可完成。其扩增效率极高，可在15~60 min内实现10^9~10^{10}倍的扩增，又因为其有着高度的特异性，只需根据扩增产物有误即可对靶基因序列的存在与否做出判断，LAMP不需要对DNA进行预变性及温度循环。

2. 操作方法

（1）引物设计

针对靶基因的六个不同的区域，基于靶基因3′端的F3c、F2c和F1c区以及5′端的B1、B2和B3区等6个不同的位点设计4种引物。其中FIP：上游内部引物，由F2区和F1C区域组成，F2区与靶基因3′端的F2c区域互补，F1c区与靶基因5′端的F区域序列相同。F3引物：上游外部引物，由F3区组成并与靶基因的F3c区域互补。BIP引物：下游内部引物，由B1c和B2区域组成，B2区与靶基因3′端的B2c区域互补，B1c区域与靶基因5′端的Bc区域序列相同。B3引物：下游外部引物由B3区域组成，与靶基因的B3c区域互补。

引物设计原则：

① F2、B2、F3、B3的3′末端应该避免AT碱基连续或过多；

② 扩增领域在 F2~BD 区间内，引物应该在 20 bp 以内；

③ 各区段的 Tm 值为 60~65 ℃；

④ 避免二次结构发生；

⑤ 各引物的 3′ 端不能含有与其他引物互补的序列。

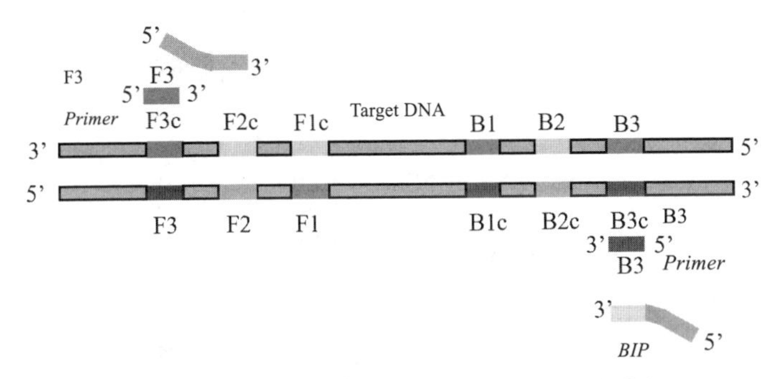

图 3–9　环介导等温扩增技术原理（杨悦绘）

（2）条件优化

引物的设计是其关键，PCR 条件的优化可用棋盘法。例如在探究合适的内外引物比例的条件优化过程中，设置 7 组对照试验，反应管中加入外引物与内引物的浓度比例分别为 1 : 1、1 : 2、1 : 4、1 : 6、1 : 8、1 : 10、1 : 12，反应在 63 ℃进行 45 min 后，通过凝胶电泳结果可以得出，外引物和内引物浓度比例为 1 : 1 和 1 : 2 时，基本没有扩增条带的出现，而 1 : 8、1 : 10、1 : 12 的扩增效果最为理想（图 3–10）

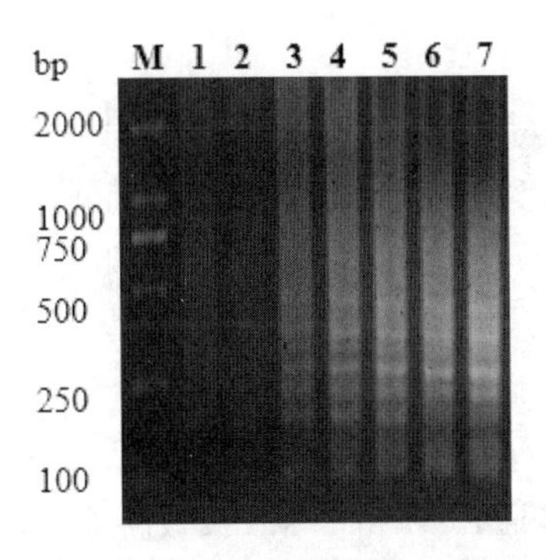

图 3–10　引物浓度比例的优化（邬旭龙摄）

M：DNA 相对分子质量标准 DL2000；1-7：外引物与内引物浓度比例分别为 1∶1、1∶2、1∶4、1∶6、1∶8、1∶10、1∶12

（3）产物的检测

肉眼观察法

扩增反应会产生一种叫焦磷酸镁的衍生物，此衍生物与生成的扩增产物成正比，由于目的基因的大量扩增同时也产生了大量的衍生物，于是出现白色浑浊沉淀（肉眼可见）。

$$(DNA)_{n-1}+dNTP==(DNA)_{n}+P_2O_7^{4-}$$

$$P_2O_7^{4-}+2Mg^{2+}==Mg_2P_2O_7\downarrow$$

荧光目视试剂检测

钙黄绿素（螯合剂）与试剂中的锰离子结合处于淬灭状态，扩增反应的副产物焦磷酸离子与锰离子结合释放钙黄绿素，淬灭状态解除，发出黄绿色荧光。

应用浊度的实时检测

有学者根据 LAMP 反应中可产生白色沉淀这一特点，专门研制出用于 LAMP 检测的实时监控终点浊度仪，实现对扩增过程的实时监控。

琼脂糖凝胶电泳法

由 LAMP 的原理可得，LAMP 的核酸扩增产物在 1% 的琼脂糖凝胶电泳上呈现的并不是一条单链，而是呈现出典型的梯状条带（图 3-11）。

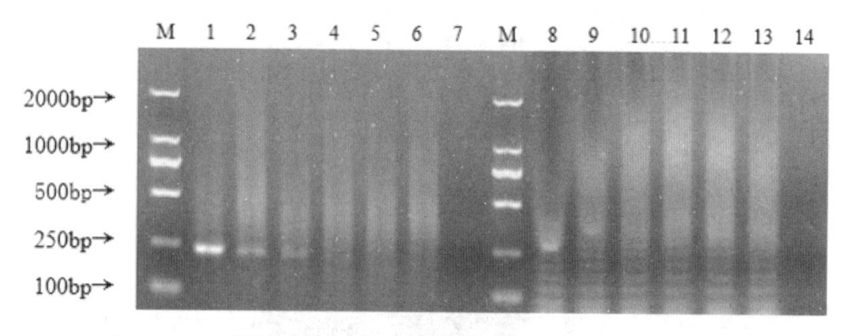

图 3-11　普通 PCR 和 LAMP 灵敏性对比（邬旭龙摄）

M：Marker DL2000；1~6 泳道：普通 PCR 样品依次为 10^6、10^5、10^4、10^3、10^2、10^1 copies/μL 的模板；8~13 泳道：LAMP 样品依次为 10^6、10^5、10^4、10^3、10^2、10^1 copies/μL 的模板；7、14 泳道：阴性对照

3. 技术的特点

（1）操作简单，无需特殊设备。

（2）灵敏度高、特异性强。

（3）速度快、耗时短。

（4）可直接扩增 RNA，只需在体系中加入逆转录酶即可，无需进行逆转录的过程。

（5）产物检测方便、快捷。

（6）灵敏度过高，容易形成气溶胶污染，对实验室的要求过高。

（7）引物设计要求很高，不是每种病原的基因适合使用 LAMP。

四、数字微滴 PCR 技术

由于荧光定量 PCR 在定量方面的缺陷，第三代 PCR 即数字 PCR（dPCR）应运而生，它采用直接计数目标分子而不再依赖任何校准物或外标，即可确定低至单拷贝的待检靶分子的绝对数目。其中微滴模式是随着纳米制造技术（nanofabrication）、微流体技术（microfluidics），特别是二代测序技术发展起来的新模式，因此 dPCR 通常也被称为微滴式数字 PCR（ddPCR）。目前数字微滴 PCR 主要应用于癌细胞的研究中。

1. 技术原理

微滴式数字 PCR 系统在传统的 PCR 扩增前对样品进行微滴化处理，即将含有核酸分子的反应体系分成成千上万个微滴，其中每个微滴或不含待检核酸靶分子，或者含有一个至数个待检核酸靶分子。经 PCR 扩增后，逐个对每个微滴进行检测，有荧光信号的微滴判读为 1，没有荧光信号的微滴判读为 0，根据泊松分布原理及阳性微滴的个数与比例即可得出靶分子的起始拷贝数或浓度。Poisson 分布，是一种统计与概率学里常见到的离散概率分布，在实验中可由计算机软件直接计算得出。

数字微滴 PCR 的荧光检测主流方法主要有两种，一种是以 Quant

Studio 3D 数字 PCR 系统为代表的微流控芯片加工法，另一种则是以 Bio-rad QX200 为代表的微滴。

2. 操作方法

微滴数字 PCR 技术一般是由两部分组成，包括 PCR 扩增和荧光信号分析。首先，将待测样本进行一定限度的稀释，使其达到单个分子水平。随后将稀释好的样本随机分配到几十到几万个反应单元中，并使每个反应单元存在一个或多个拷贝的目标分子，进行 PCR 扩增，此扩增反应体系与普通 PCR 相似，也包括 DNA 模板、引物、DNA 聚合酶和四种脱氧核苷酸等。该反应在数字 PCR 的芯片中进行，在反应结束后对每个反应单元的荧光信号进行统计，从而实现对待测样本原始拷贝数的定量检测。

数字 PCR 的定量方法为直接计数法，该技术通过对待测样本的稀释使得每个反应单元中的 DNA 模板达到单分子水平，在 PCR 扩增反应结束后，每个具有荧光信号的反应单元中都至少含有一个拷贝分子，将有荧光信号的记为 1，无荧光信号的记为 0。因此，直接对有荧光信号的反应单元进行计数即可得到目标 DNA 分子的拷贝数。但一般情况下，每个反应单元中可能至少包含两个 DNA 模板分子，因此需要利用其它方法来进行相关的统计分析即泊松概率分布公式：

$$P(x=k)=e-\lambda\times\lambda k/K!\ (K=0,\ 1,\ 2\cdots\cdots n)\ \cdots\cdots\cdots\cdots(1)$$

式中 $\lambda=c/d$，即每个微滴中的目标 DNA 分子的平均拷贝数（浓度），其中 c 为样品的原始拷贝数（浓度），d 为生成的微滴数。P 是指在一定 λ 条件下，由 k 个目标 DNA 进入每个微滴中的概率。

实验过程中，设定阳性率为 q，则阴性率为 $1-q$，也就是目标 DNA 没有进入每个微滴中的比率，由样品的稀释倍数 m 决定，有 $X=cm/d$。由此可知，当 $k=0$ 时，上式可简化为

$$1-q=p(k-0)=e-\lambda=e-cm/d\ \cdots\cdots\cdots\cdots\cdots\cdots\cdots(2)$$

式中 P 可以看作是阴性微滴的数量与微滴总数的比值。

上式两边取对数（ln），得到 $\lambda=cm/d=-\ln(1-q)$ ……………………（3）

根据微滴式数字 PCR 在反应中所产生的微滴总数、检测到的阳性微滴数和样本的稀释倍数，从而可计算出样本的最初拷贝数（浓度）。

因为微滴式数字 PCR 是由终点检测来计算目标基因的拷贝数，所以不需采用内参基因和标准曲线就可进行精确的绝对定量检测；此外，由于微滴式数字 PCR 采用终点检测，不用依赖标准曲线的构建，并且在应用该系统检测时，扩增效率的作用也大大降低，此方法的准确性和重复性都较高。其中微滴式数字 PCR 的反应体系在分配的过程（稀释过程）中可以极大的降低与目标基因有竞争性作用的背景基因浓度。

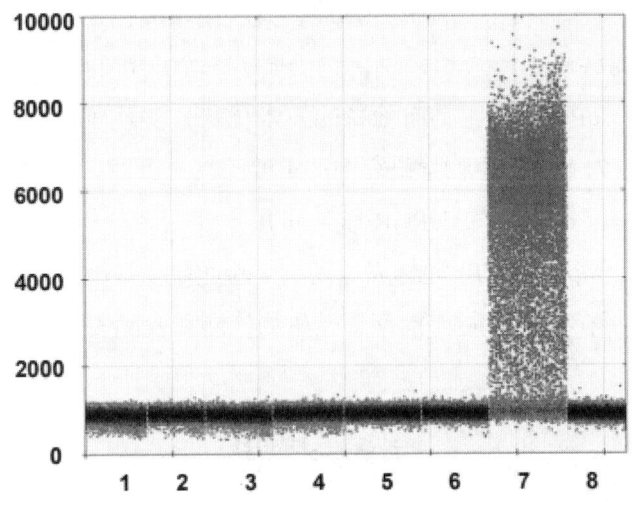

图 3–12　ASFV ddPCR 特异性试验（反映信号值）

注：1~8 号：猪瘟病毒（CSFV）、猪繁殖与呼吸综合征病毒（PRRSV）、日本乙型脑炎病毒（JEV）、猪圆环病毒 2 型（PCV2）、猪伪狂犬病毒（PRV）、猪口蹄疫病毒（FMDV）、非洲猪瘟病毒（ASFV）、阴性对照；

3. 技术特点

ddPCR 技术较 PCR 技术有着以下的优势：①高灵敏度，ddPCR 本质上将一个传统的 PCR 反应变成了数万个 PCR 反应，在这数万个反应单元中分别独立检测目的序列，从而大大提高了检测的灵敏度；②高精确度，ddPCR 通过计算在数万个反应单元中阳性反应单元数量和比例，可以精确地检测出变化很小的目的序列差异；③高耐受性，ddPCR 技术第一步反应体系分配的过程，可以使背景序列和 PCR 反应抑制物被均匀分配到每个反应单元，而大部分反应单元中并不含有目的序列，低丰度的目的序列被相对富集于某些反应单元中，从而显著地降低了这些反应单元中背景序列和抑制物对反应的干扰。另外，ddPCR 在对每个反应单元进行结果判读时仅判断阳性 / 阴性两种状态，不依赖于 Ct 值，受扩增效率的影响大为降低，对背景序列和抑制物的耐受能力也大大提高；④绝对定量，PCR 直接计算目的序列的拷贝数，无需依赖于 Ct 值和标准曲线就可以进行精确的绝对定量检测。

但由于对模板添加量要求较高等问题，还需要进行一定的改进。近几年来数字 PCR 技术取得了飞跃式的发展，其应用领域也在不断地扩大，但对于许许多多的科研工作人员来说，它仍属于一个全新的技术手段。ddPCR 与普通 PCR、qPCR 相比具有独特的技术优势，实现了单分子 DNA 绝对定量，使其成为了分子生物学研究中的重要工具。近期，相应的分析软件有所突破，美国已推出一款 ddPCR 软件可用于使用者分析 ddPCR 数据。未来如果能有效解决 ddPCR 耗材成本高、实验通量少等问题和实现操作智能化，ddPCR 将在临床诊断与治疗、微生物检测和食品安全检测等拥有更广阔的应用前景。

主要参考文献

[1] 马文丽. 基因芯片技术及应用[M]. 化学工业出版社，2017.

[2] 孙凯，汪谦. 液相芯片技术研究应用进展[J]. 中华实验外科，2005，22（5）: 639-640.

[3] 姚丽，张伟，王姝妹，等. 液相芯片技术原理及应用简介[J]. 现代肿瘤医学，2008，16（12）: 2196-2198.

[4] HULSE R E，KUNKLER P E，FEDYNYSHYN J P，*et al*. Optimization of multiplexed bead-based cytokine immunoassays for rat serumn and brain tissue[J] Neurosci Method，2004，136: 87-98.

[5] JIA X C，RAYA R，ZHANG L，*et al*. A novel method of multiplexed competitive antibody binning for the characterization of mono-clonal antibodies. [J] Immunol

Methods, 2004, 288: 91–98.

[6] JAGER W D, PRAKKEN B J, BIJLSMA J W, *et al*. Improved multiplex immunoassay performance in human plasma and synovial fluid following removal of interfering heterophilic antibodies[J]. Journal of Immunological Methods, 2005, 300 (1–2): 124–135.

[7] BJERRE M, HANSEN T K, FLYVBJERG A, *et al*. Simultaneous detection of porcine cytokines by multiplex analysis: Development of magnetic bioplex assay[J]. Veterinary immunology & Immunopathology, 2009, 130 (1–2): 53–58.

[8] MARK S, DARI S, RENU H, *et al*. Parallel human genome analysis: microarray–based expression monitoring of 1000 genes[J]. Proceedings of the National Academy of Sciences, 1996, 93 (20): 10614–10619.

[9] MULLIS, KARY B. The Unusual Origin of the Polymerase Chain Reaction[J]. entific American, 1990, 262 (4): 64–65.

[10] 黄潇航，施远妮，符云芳，等. 基因芯片技术在动物疫病检测中的应用研究进展[J]. 贵州畜牧兽医，2020，44（4）: 49–51.

[11] 李佛生，汪红，李一璠，等. 分子生物学实验教学中液相Northern杂交检测microRNA实验探索[J]. 实验技术与管理，2019，36（7）: 225–227+231.

[12] 张园，张海霞.核酸探针及其在生物分析中的应用[J]. 分析试验室，2020，39（9）: 1002–1012.

[13] JOANA F L, PAULO M, BEATRIZ T, *et al*. A comprehensive model for the diffusion and hybridization processes of nucleic acid probes in fluorescence in situ hybridization[J]. Biotechnology and Bioengineering, 2020, 117 (10): 3212–3223.

[14] IVANA D, MARIA T, PÂMELLA M, *et al*. Optical and theoretical study of strand recognition by nucleic acid probes[J]. Communications Chemistry, 2020, 3 (1): 111.

[15] JIANG Y, NIE F, JIANG S, *et al*. Development of multiplex oligonucleotide microarray for simultaneous detection of six swine pathogens[J]. Journal of virological methods, 2020, 285: 113921.

[16] 杜文琪，夏立叶，李桂梅，等. 液相芯片技术在动物疫病检测中的研究进展[J].

中国畜牧兽医，2020（12）: 4138–4147.

[17]MOEINI Z A，POURNAJAF A，FERDOSI S E，*et al*. Comparison of loop-mediated isothermal amplification and conventional PCR tests for diagnosis of common Brucella species[J]. BMC Research Notes，2020，13（1）: 533.

[18] 崔荣飞，杨洁，甄理，等. 动物源性食品中致病微生物的快速PCR检测[J]. 今日畜牧兽医，2020，36（11）: 1–3.

[19] WANG Y，FU Z，GUO X，*et al*. Development of SYBR Green I–based real-time reverse transcription polymerase chain reaction for the detection of feline astrovirus[J]. Journal of Virological Methods，2021，288: 114012.

[20] 张宜文，赵海波，吴红，等. 数字PCR在食品安全检测中的应用研究进展[J]. 分析测试学报，2020，39（5）: 672–680.

[21] 张险朋，李小忠，万庆文，等.数字PCR技术及对动物疫病检测应用[J].畜牧兽医科技信息，2020（1）: 18–20.

[22] KANAGAL S R. Digital PCR: Principles and Applications[M]. Clinical Applications of PCR. Methods in molecular biology，2016.

[23] LABETOULLE M. PCR，principles，advantages and pitfalls: focus in some viral infections of the anterior segment of the eye[J]. Acta Ophthalmologica，2011，89（s248）: 0–0.

第四章 测序技术

传统的病原微生物鉴定方法，需获得微生物体外纯培养物，细菌结合生理生化特性，病毒结合电镜观察等进行鉴定。或者使用基于特异性引物/探针/抗体的方法，如血清学特异性抗体检测方法、PCR 检测技术等特异性病原微生物分子快速检测系统等。以上方法在疾病诊断与病原鉴定工作中发挥了重要作用，但在未知或无法体外培养病原微生物的鉴定中受到限制，同时也存在试验周期长、通量低、假阳性率高等问题。下一代测序技术（NGS）的出现为病原微生物的快速鉴定开辟了新的方向，随着测序技术的不断发展，NGS 文库构建耗时缩短、测序读长延长、测序成本降低、测序数据分析逐步系统化，弥补了现有方法的短板。本节将对高通量测序技术在病原微生物快速鉴定方面的应用做一系统介绍。

一、Sanger 双脱氧法测序技术

第一代 DNA 测序技术是指 Sanger 等发明的酶法测序技术，采用化学裂解反应方法进行。Sanger 测序产生长度差 1 个核苷酸的寡核苷酸片段，这些寡核苷酸都起始于同一固定核苷酸位点，而终止于不同的碱基位点。测序反应产生四组寡核苷酸片段，分别终止于 A、G、C 和 T 碱基，这些终止于特定碱基的寡核苷酸片段是随机产生的。上述四组寡核苷酸中的某组都是由

一系列寡核苷酸组成，这些寡核苷酸的长度由该特定碱基在模板 DNA 片段上的位置所决定，对这些寡核苷酸片段进行凝胶电泳，分离长度仅差一个核苷酸的不同 DNA 分子。将四组寡核苷酸加样于测序凝胶的若干个相邻泳道上，即可从凝胶的放射自显影照片上直接读出原始 DNA 模板的核苷酸序列。

Sanger 测序技术是通过控制 DNA 的合成来产生终止于靶序列特定位置的寡核苷酸片段。这一思路源于将核苷酸类似物 - 双脱氧核苷三磷酸（ddNTP）引入合成反应。特定 ddNTP（如 ddATP）可以替代相应的脱氧核苷三磷酸（如 dATP）在 DNA 聚合酶催化作用下掺入新生链的相应位置，并导致 DNA 链终止延伸。在分别进行的四种含 ddNTP 的合成反应中，可以产生终止于模板链任意位置的四组寡核苷酸片段。每个反应包括 DNA 合成所需的全部成分（引物、模板、聚合酶、脱氧核苷三磷酸）以合成新的 DNA 链，此外，每个反应还包含一个双脱氧核苷酸。例如，A 反应体系中含有 dATP 和 ddATP，同时含有其他三个脱氧碱基的混合物。测序反应过程中，终止于不同位点的寡核苷酸片段不断产生，例如，对于一些模板分子，在任何一个应插入 A 的位点，双脱氧 A 均可能取代 A 被添加到新生的 DNA 链中，从而在该位点终止 DNA 链的合成。反应完成后，理论上所有的位点均可能有掺入的双脱氧核苷，从而产生终止于任何一个位点的寡核苷酸片段。这四组反应中的寡核苷酸片段可以通过凝胶电泳分离形成“阶梯”，最小的条带对应的是第一个碱基，每个较大条带代表多 1 个核苷酸的较长片段，从四条泳道的条带顺序能推断出一段 DNA 的全部序列。

二、二代测序技术

用于构建人类基因组参考序列的 Sanger 双脱氧链终止测序技术直至 2005 年还是唯一的测序方法。其后，一系列的技术进步产生了新的测序设备和方法，统称为“下一代”测序技术。这些技术的进步为测序带来革命性的变化，直至本书写作之际，这一领域还在不断发生着巨大的变化。“下一代”测序的定义由于测序方法的持续、快速更新已不是十分严格。本章中，我们先介绍下一代测序技术的历史、一般特征和应用，然后讨论和比较当前广泛应用的各种平台及新出现的测序系统。下一代测序技术的历史：下一代测序技术的产生得益于多学科的研究进展，体现了多种技术之间绝妙的交叉融合，包括微米或纳米技术、有机化学、光学工程和蛋白质工程。这些技术的研发基金来自美国人类基因组研究所的“$1 000/$100 000 基因组”技术研发启动基金；事实上，最后研发成功的多项技术在它们研发的初始阶段都是由这项基金资助的。然而，要使这些技术转化为切实可行的商业产品，其所需的数千万美元主要来自风险资本和其他商业机构的投资。此外，大型基因组中心和其他有影响力的基因组实验室作为下一代测序技术的早期市场化试点也作出了很多贡献，这些试用者参与投资了这些新技术，评估了这些技术的性能（读长、错误率、GC 偏性等），并在同行评阅的论文、基因组学相关会议或者私人通信中报告了他们的发现，他们的反馈很大程度上决定了这些技术在商业阶段的成败。

目前，有作者将高通量测序运用于宏基因组学，从而增加了对环境及中间宿主携带病毒多样性的了解，Ge 和杨凡力等通过该技术建立了野生动物源人兽共患病的监测方法。韩文等利用该技术对猪瘟病毒（CSFV）细胞培养物和猪圆环病毒 2 型（PCV2）感染猪病料进行分析，通过宏基因组学为新疾病的出现和已知病毒的变异提供了重要的警示。

下一代测序技术的测序过程与传统的基于毛细管的测序方法形成鲜明的对比，在传统的基于毛细管的测序方法中，测序反应发生在微量滴定板（96孔板）独立的反应孔中，仪器则用来分离和检测反应产物的条带。下一代测序则通过一系列重复的步骤进行测序（引物延伸、检测新加入核苷酸、以化学或酶的方法清除反应底物或荧光源），同时检测每个片段群进行反应所产生的信号。这样的大规模并行测序可以使数十万乃至数亿个测序反应同时进行和被同步检测，因此，测序的数据量相当可观，需要特定的数据分析方法。下一代测序技术的另一个标志是测序产生的读长相比毛细管测序的长度更短。下一代测序技术的短读长问题所带来的挑战及其在生物医学实验中日益普及的应用，使得面向基因组的生物信息学和算法研究又重新焕发了活力。

三、三代测序技术

第三代测序技术是指单分子测序技术，DNA 测序时，不需经过 PCR 扩增，实现了对每一条 DNA 分子的单独测序。同时与二代测序技术相比，三代测序读长更长。三代测序技术按原理主要分为两类，一是美国太平洋生物（Pacific Bioscience）的 SMRT 技术，又称 PacBio SMRT；其测序读长达 10~20 K，并且具有较高的准确性。二是牛津纳米孔测序技术（Oxford Nanopore Technologies），简称 Nanopore 测序。近年来，Nanopore 测序技术兴起，具有诸多独一无二的优势，如：DNA/RNA 直接测序，无需进行 PCR，提取的样品即可直接测序；快速测序文库构建，最快 10 min 即可制备获得测序文库；实时性测序，Nanopore 测序采集电信号变化，基于神经网络算法，可实时将电信号转变为碱基序列信息输出；超长读长，目前的记录是在巨型云杉基因组测序工作中，单条 read 高达 2.3M，这是目前其他测序技术无法比拟的；测序设备便携且价格亲民，Nanopore 公司 2015 年正式推出的 MinION 测序仪仅有手机大小，且连接电脑即可开始测序，数据以 fast 5 格式储存，也可实时 base calling 转换为 fastq 格式；此外，在各种环境中（太空空间站、海底、南极、非洲草原）均能稳定运行。反观以 Illumina 为代表的二代测序仪价格高昂，几十万到几百万人民币不等，并且需要配套专用的测序实验室。三代测序原理简述如下：

PacBio SMRT 技术应用了边合成边测序的策略，通过对模板链的复制获得序列信息。芯片载体称之为 SMRT Cell，待测 DNA 片段化后，双链两端连接发夹接头形成闭合的环状单链模板，再加到 SMRT Cell 上后，扩散进入测序单元，称之为 ZMW，DNA 聚合酶被固定在 ZMW 内，捕获待测序的 DNA 单分子进行复制，4 色荧光标记的 dNTPs（dATP、dCTP、dGTP、dTTP）与模板配对，根据激发产生的光脉冲识别碱基；每个 ZMW

记录的连续光脉冲信号可被认为是连续碱基序列，称为 CLR；SMRT bell 为环状，测完一条 DNA 链后可以循环测互补链，如果聚合酶的寿命足够长，则两条链都能够在一个 CLR 内进行多次的测序，称为 Pass；通过识别切除发夹接头，CLR 可被分为多个 Subread，同一个 ZMW 内 Sub-read 间共有的序列称为环状共有序列（CCS）；如果模板 DNA 太长则一个 CLR 内不能多次测序，不能形成 CCS，只能输出单条 Subread；因为 SMRT 测序的实时性，可以通过脉冲信号峰检测碱基修饰情况，如甲基化。SMRT 技术能够实现超长读长的关键是 DNA 聚合酶，读长与酶的活性有关，而酶的活性受激光对其造成损伤的影响。SMRT 技术准确性的关键是如何将反应信号与周围强大荧光背景区分，该技术利用 ZMW 原理实现：在芯片上设计比检测激光波长小的 ZMW（外径 100 多纳米），激光从底部打上去不能穿透小孔进入上方溶液区域，能量被限制在小范围，正好足够覆盖需要检测的部分，所捕获的信号仅来自这个小反应区域，孔外过多游离核苷酸单体依然留在黑暗中，从而实现背景降到最低。较之二代测序，SMRT 测序速度很快，每秒约 10 个 dNTP，但是通量低，1 个 SMRT 芯片池上有 150 000 ZMW，但由于聚合酶未能在 ZMW 内固定或超过一条 DNA 分子进入 ZMW，只有 35~70 000 ZMW 可进行有效测序。SMRT 测序的另一个缺点是 CLR 的错误率高达 11% ~15%，但不同于二代测序偏向性的错误，SMRT 测序错误是随机的，可以通过足够的测序次数纠正，15 次测序的 CLR 准确率超过 99%。由于 CLR 总长度受聚合酶寿命的限制，测序次数与 CCS 长度是相反的关系，即 CCS 越长，产生测序次数越少，准确率更低，反之亦然。

第二大阵营为纳米孔测序，代表性的公司为英国牛津纳米孔公司。新型纳米孔测序法（nanopore sequencing）是采用电泳技术，借助电泳驱动单个分子逐一通过纳米孔 来实现测序的。由于纳米孔的直径非常细小，仅允许单个核酸聚合物通过，而 ATCG 单个碱基的带电性质不一样，通过电信号的差异就能检测出通过的碱基类别，从而实现测序。牛津纳米孔科技公司的纳米孔测序平台的核心是一个带有 2 048 个纳米孔、由专用集成电路控制的测序芯片（flow cell）。单链DNA分子穿过纳米孔时，由于不同的碱基的形状大小有差异，与孔内环糊精分子发生特异性反应从而引起电阻变化。纳米孔的两侧有一恒定电压，因此可以检测到纳米孔中电流的变化，从而反映出通过纳米孔的DNA分子的碱基排列情况。

自2017年以后，该纳米孔测序平台主要使用1D和1D2两种测序策略，其中1D测序原理是：基因组DNA或cDNA分子经接头帮助到达纳米孔附近，在解旋酶的作用下双链DNA分子解开为单链，通过孔道蛋白；传感器检测到不同核苷酸通过所引起的电流变化的差异并将其转换为电信号；最后，根据电信号变化的频谱，应用模式识别算法得到碱基类型，与1D测序策略不同的是，1D2测序策略在建库时会在两条DNA分子上加上一种特殊的接头，使得在读取模板链的同时互补链可以附着到膜上，在第一条链离开纳米孔后不久，互补链就有一定概率接着被测序，两条链的数据相互校正，可以帮助提高测序的准确率。第三代测序技术在测序过程中不需要通过PCR进行信号放大，因此避免了PCR反应过程中引入的碱基错配；在整个反应中也不涉及酶的催化反应，理论上只要核酸提取步骤可以得到足够长度的序列，测序步骤就可以对其进行检测；此外，由于甲基化等修饰前后的核苷酸所引起的电阻变化是不同的，所以该测序平台可通过对电信号的识别来判断碱基的甲基化修饰情况。因此，单分子纳米孔测序技术具有高通量、超长读长可以直接检测碱基甲基化修饰和体积较小便于携带等优势，在动物、植物、细菌、病毒等的研究中均具有较为广阔的应用空间。

病原菌鉴定的常规方法包括菌种培养，这可能需要数天或数周时间才能完成。此外，并非所有菌种都容易接受实验室培养，DNA测序技术大大降低了从采样到获得结果的时间。然而，只有在纳米孔测序技术出现后，才能做到在2~4 h的时间便可完成微生物鉴定。未来，这种应用还可在给予二次规定剂量之前改变患者抗生素治疗方案（从广谱治疗更改为特效治疗）。

2014~2016年，西非暴发的埃博拉疫情为评估病毒感染快速检测方法提供了机会。疫情流行期间，尽管进行了大量ELISA和基于RT–PCR的检测，但关于其敏感性或特异性的数据始终有限，这些方法的检测虽然简易、便携、快速，但是均依赖于对预定目标的鉴定。由于病原体不断进化，这些方法很快变得过时。并且，还缺乏能在症状出现前检测出病毒的方法。使用传统的测序技术虽然可以克服病原体不断进化的问题，但这一技术只有在将样品送至设有相关基础设施的检测点后才能实现。并且，这样做还将进一步延长从采样到获得结果的时间，增加了管理负担和管理复杂性，导致此类项目滋生诸多实际问题。相比之下，实时、便携的纳米孔测序技术可大大提高病毒分析速度，据报告从采样到获得结果的时间不到 6 h。最近，使用纳米孔技术进行 RNA 直接测序得到了证明。随着纳米孔技术不断发展，不久的将来，对临床样品进行 RNA 直接测序或将成为可能，这可进一步缩短鉴定病毒病原体所需的时间。

该方法直接鉴定样本中传染性生物体，无需细胞培养，且具有诸多优势，其中以加快治疗反应时间的优势最为显著。然而，所有测序平台在传染因子处于低滴度时均难以进行直接检测。对此，可利用纳米孔测序的实时性，采取相应策略。“至尾读长”是靶向富集的生物信息学方法，通过该方法可实时分析设备中各纳米孔测序的核酸。若该链为目标序列，设备将继续对其进行测序；若不是目标序列，设备“吐出”该链，等待下一个链。该方法极有可能优先考虑宿主 DNA 背景下的微生物 DNA。针对取自临床样品的病原体遗传物质不同靶向富集方法也正与纳米孔设备实现成功连用。例如：纳米孔测序已成功对直接取自临床尿液样本中的微生物菌种进行了鉴定，并成功对样本中病毒毒株和种类进行了检测。尽管取自低丰度样本的微生物物种鉴定仍存在一定难度，但纳米孔测序在该领域已取得了部分积极进展。该技术能实现对复杂样品和靶向富集样品中细菌和病毒病原体进行直接分析。与短读长技术相比，长读长纳米孔测序能更加有效地解决病原体特征重组和重复区域的问题。

主要参考文献

[1] SANGER F，NICKLEN S，COULSON A R. DNA sequencing with chain-terminating

inhibitors[J]. Proceedings of the National Academy of ences of the United States of America，1977，74（12）: 5463–5467.

[2] GE X，LI Y，YANG X，*et al*. Metagenomic Analysis of Viruses from Bat Fecal Samples Reveals Many Novel Viruses in Insectivorous Bats in China[J]. Journal of Virology，2012，86（8）: 4620–4630.

[3] 杨凡力，王意银，郑文成，等. 中国部分地区蝙蝠携带病毒的宏基因组学分析[J]. 生物工程学报，2013（5）: 586–600.

[4] 韩文，罗玉子，赵碧波，等. 基于宏基因组学的猪群样本病毒探测方法的建立[J]. 微生物学报，2013（2）: 197–203.

[5] 孙涛，李明哲，崔淑华，等. 高通量测序在动物检疫中的应用进展[J]. 食品安全质量检测学报，2017（05）: 181–185.

[6] JAIN M，OLSEN H E，PATEN B，*et al*. The Oxford Nanopore MinION: delivery of nanopore sequencing to the genomics community[J]. Genome Biology，2016，17（1）: 239.

[7] SANGER F，COULSON A R. A rapid method for determining sequences in DNA by primed synthesis with DNA polymerase[J]. Journal of Molecular Biology，1975，94（3）:441，447–446，448.

[8] SHENDURE J，MITRA R D，VARMA C，*et al*. Advanced sequencing technologies: methods and goals[J]. Nature Reviews Genetics，2004，5（5）: 335–344.

[9] MOORE G E. Cramming More Components onto Integrated Circuits[J]. Proceedings of the IEEE，2002，86（1）: 82–85.

[10] SANGER，FREDERICK. Sequences，Sequences，and Sequences[J]. Annual Review of Biochemistry，1988，57（1）: 1–28.

[11] MITRA R D，SHENDURE J，OLEJNIK J，*et al*. Fluorescent in situ sequencing on polymerase colonies[J]. Analytical Biochemistry，2003，320（1）: 55–65.

[12] POSTMA H W C. Rapid Sequencing of Individual DNA Molecules in Graphene Nanogaps[J]. Nano Letters，2008，10（2）: 420–425.

[13] GIGLIOTTI B，SAKIZZIE B，BETHUNE D S，*et al*. Sequence–independent helical wrapping of single–walled carbon nanotubes by long genomic DNA[J]. Nano Letters，2006，6（2）:159.

[14] LIPSHUTZ R J，FODOR S P A. Advanced DNA sequencing technologies[J]. Curr. opin.struct.biol，1994，4（3）:376–380.

[15] BENNER S，CHEN R J A，WILSON N A，*et al*. Sequence–specific detection of individual DNA polymerase complexes in real time using a nanopore[J]. Nature Nanotechnology，2007，2（11）:718–724.

[16] FUSELLI S，BAPTISTA R P，PANZIERA A，*et al*. A new hybrid approach for MHC genotyping: high–throughput NGS and long read MinION nanopore sequencing，with application to the non–model vertebrate Alpine chamois（Rupicapra rupicapra）[J]. Heredity，2018，121:293–303.

[17] SHIN H S，LEE E，SHIN J，*et al*. Elucidation of the bacterial communities associated with the harmful microalgae Alexandrium tamarense and Cochlodinium polykrikoides using nanopore sequencing[J]. entific Reports，2018，8（1）: B5323.

[18] MAXAM A M，GILBERT W A. A new method for sequencing DNA[J]. Proceedings of the National Academy of Sciences，1977，74（2）: 560–564.

[19] LIU L，LI Y，LI S，*et al*. Comparison of Next–Generation Sequencing Systems[J]. Biomed Research International，2012，2012（7）: 251364.

[20] 陈琛，万海粟，周清华. 新一代基因测序技术及其在肿瘤研究中的应用[J]. 中国肺癌杂志，2010，13（2）: 154–159.

第五章 免疫学检疫与诊断技术

免疫学是一门人类与传染病作斗争的发展史，也是研究机体免疫系统结构与功能的学科。免疫功能正常的机体具有免疫特异性与记忆性，能够轻松识别“自身”与“非己”物质，从而达到免疫预防、免疫稳定、免疫监视的作用。经过数百年的积累与发展，免疫学已在疾病的预防、诊断和治疗中占据着不可磨灭的地位，逐渐成为医学、生物学、兽医学的经典科学。

早在 11 世纪，天花的出现使得人们开始认识免疫学。为了防治这种烈性传染病，国内外医生及劳动人民在实践中总结出接种人痘或牛痘可有效预防天花。从 19 世纪开始，免疫学进入了飞速发展的阶段，人类对病原菌的致病机理有了更深入的认识，多种疫苗也被研发出来用于预防人类或畜禽的各种疾病。Pasteur 和 Koch 先后发明了液体及固体培养基，创立了细菌的分离培养技术。19 世纪 80 年代，Pasteur 先后用陈旧的鸡霍乱菌培养物（长期放置而被减毒）、高温灭活后的炭疽杆菌和猪伪狂犬病毒（兔体内连续传代）的疫苗预防疾病感染，从而打开免疫学实验的大门。19 世纪 90 年代，Von Behring 应用动物血清预防白喉病时发现了抗毒素（抗体）的存在，Pfeiffer 和 Bordet 通过免疫溶菌现象发现补体的存在。在此期间，通过抗原抗体特异性结合的原理，逐渐建立了许多体外检测抗原、抗体的血清学方法，如：凝集反应、沉淀反应、补体结合反应等，为传染病的诊断提供了重要手段。20世纪中叶，科学家对免疫系统的网络结构有了全新的认识，提出了更多免疫学理论如迟发型超敏反应、免疫耐受等，人们对免疫学的研究也逐步深入到细胞和分子水平。在此期间，免疫学诊断技术也得到飞速发展，间接凝集反应和免疫标记技术被建立，进一步促进了免疫学基础理论的研究和应用。直至今日，通过几百年的努力，人们阐明了抗原和抗体的结构、研究了各个免疫细胞的功能、创新了诸多免疫学诊断技术。在当下，人们还在逐步将免疫学与其他学科进行综合运用，为免疫学的应用开辟了崭新的道路。

本章将围绕免疫学检疫技术中的血清学检测技术进行详细介绍，该技术按照时间来划分可分为传统免疫学诊断技术和新型免疫学诊断技术，这两者都是基于抗原抗体反应的特异性而研发的体外检测技术。传统免疫学诊断技术包括沉淀反应、补体结合反应、凝集反应、中和反应、免疫标记技术等。新型免疫学诊断技术包括胶体金免疫检测技术、酶联免疫吸附试验、免疫印迹、免疫磁珠试验等。这种不受样品限制的血清学检测技术为疾病的预防及诊断、抗原抗体的鉴定打下了坚实的基础，为免疫治疗创造了更多的社会和经济效益。

第一节　传统免疫学诊断技术

一、血凝和血凝抑制试验

血凝（HA）和血凝抑制（HI）试验是目前我国各地对新城疫、禽流感等疾病进行流行病学调查、疫病诊断、防疫监测、免疫程序制定等工作的主要依据。该试验方法具有经济、快速、可靠、操作简便和能够对抗体水平进行量化的优点，能够同时处理大量的样品，并能在短时间内报告禽类血样中的抗体滴度水平。

（一）血凝试验（HA）

某病毒或病毒的血凝素，能选择性地使某种或某几种动物的红细胞发生凝集，如：流感病毒的血凝作用是病毒囊膜上的血凝素与红细胞表面受体结合，从而凝集红细胞。血凝现象分为可逆转和不可逆转。可逆转的原理是血凝素与病毒颗粒易分开，经超速离心后，病毒颗粒沉淀于管底，血凝素则游离于上清液内，这种血凝素凝集红细胞的现象是可逆的。而不可逆转是由于血凝素与病毒颗粒结合的比较紧密，必须经过特殊处理才能分开，在一定温度下（37 ℃）病毒释放出一种能破坏红细胞表面受体糖苷键（N- 乙酰神经氨酸酶）的血凝素，当病毒颗粒从红细胞表面游离出来后红细胞表面受体已被破坏而失去再凝集病毒的能力。

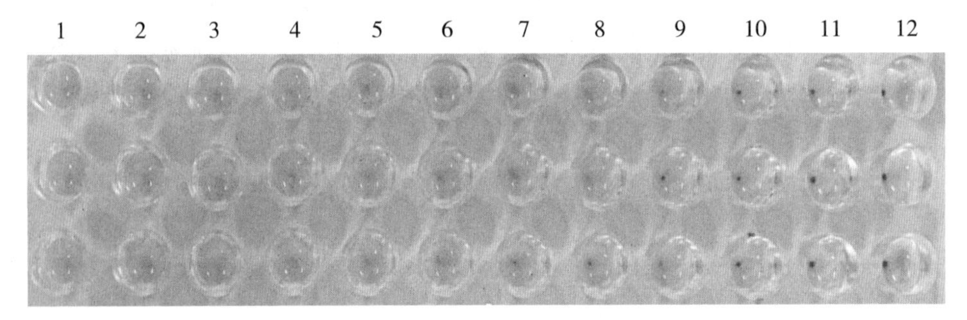

图 5-1　禽流感病毒 H5-R11 亚型抗原血凝试验结果（涂藤摄）

（二）血凝抑制试验（HI）

当病毒的悬液中加入特异性抗体，且这种抗体的量足以抑制病毒颗粒或其血凝素，则红细胞表面的受体就不能与病毒颗粒或其血凝素直接接触，此时红细胞的凝集现象就被抑制，称为血凝抑制试验，它是特异性抗体与相应病毒结合，使病毒失去凝集红细胞的能力，从而抑制血凝现象。

1．材料及方法

（1）试剂及材料

① 96 孔 V 型微量反应板：选用规则标准的 96 孔 V 型微量反应板，V 型孔底需光滑明亮，对底部磨损严重的反应板要及时淘汰。使用前先用酒精

棉擦拭干净，再用蒸馏水反复冲洗多次，在烤箱中烘干备用；使用后及时将反应板用自来水反复冲洗（以孔底不留沉积的红血球为准），再将沾有洗涤剂溶液的棉拭刷洗凹孔及板面，然后再用自来水反复冲净每个凹孔及板面，待反应板干燥后，放入 2% ~3%浓度的盐酸中浸泡 24 h 以上。

②阿氏液：葡萄糖 2.05 g、柠檬酸钠 0.8 g、柠檬酸 0.055 g、氯化钠 0.42 g 加蒸馏水至 100 mL，高压灭菌，4 ℃保存备用。（注：葡萄糖不能经高温灭菌）

③ 1% 红细胞悬液制备：采集无 AI、ND 抗体成年鸡血与等体积的阿氏液混合，用 PBS 洗涤 3 次，每次均以 3 000 r/min 离心 10 min，洗涤后用 PBS 配成体积为 1% 红细胞悬液，4 ℃保存备用。配好的红细胞悬液要做血细胞沉淀检查：取 96 孔 V 板一块，滴一滴红细胞悬液到任意孔内，室温静置 20~40 min，查看血细胞沉淀情况，决定是否能用。需要较长时间保存红细胞时，可用大量的阿氏液（阿氏液与全血的比例是 4：1），使用时吸取血液沉淀，反复洗涤（洗涤方法如上），此法可保存红细胞 2~3 周，若要想长期保存可使用红细胞醛化法，具体操作如下：将新鲜红细胞用 0.01 mol/L 的 PBS 液充分洗涤 5 次，每次以 3 000 r/min 离心 4 min，最后 1 次用红细胞压缩体积的 10 倍 PBS 液洗涤，3 000 r/min 离心 10 min，去上清。按沉积红细胞的 8 倍量加入 36% 甲醛溶液（4 ℃）混合均匀，4 ℃保存 24 h，期间不断轻摇震荡，取出后再按红细胞体积 2 倍加入冷至的 30% 甲醛溶液（4 ℃）混匀，4 ℃作用 24 h，然后用 PBS 液洗涤 5 次，最后配成 0.75% 醛化红细胞液，加入终浓度 0.1% 叠氮纳，4℃备用。

注：最好选用健康、未经过疫苗免疫的 SPF 成年公鸡，如若没有 SPF 公鸡也可以使用低抗体鸡提供的红细胞。

④ 0.1mol / L PBS 调 pH 值至 7.2~7.4、抗原、待检血清、阴性血清。

（2）血凝及血凝抑制试验

①单位抗原的制备：以红细胞全部凝集的病毒最高稀释倍数为该病毒的凝集效价。4 单位病毒的确定，以上述血凝价除以 4 即为 4 单位病毒，如

血凝价为 1 : 128，则 4 单位病毒为 128/4=32，即 1 : 32 为 4 个凝集单位，为保证 4 单位抗原配制准确，须做回归试验检测。方法是在微量反应板的 1~5 孔均加入 25 μL PBS 液，取配制好的 4 单位抗原液 25 μL 加入第 1 孔中，混匀后吸取 25 μL 加入第 2 孔，依次倍比稀释至第 4 孔，混匀后弃去 25 μL，第 5 孔为红细胞对照，至此前 4 孔的抗原含量分别是 2 单位、1 单位、1/2 单位和 1/4 单位。然后每孔均加入 1% 鸡红细胞悬液，于振荡器上振荡混匀，20~25 ℃下静置 20 min 后观察结果，若前两孔凝集，第 3 孔 50% 凝集，最后两孔不凝集，则为 4 单位抗原配制准确；若全部凝集说明 4 单位抗原配制浓度过高；若全部不凝集说明 4 单位抗原配制浓度过低，配置的 4 单位抗原要尽量在一天内用完，如若隔夜则需再次配置 4 单位抗原。

②加样：稀释血清时，如果混合不均匀，会使结果出现差异，用微量移液器吹打时，V 型孔内和吸头内都易产生气泡，造成稀释不充分，稍不小心孔内的液体就会溅出，影响检测结果的准确性。加入 4 个血凝单位的病毒抗原和 1% 红细胞悬液时要避免移液器吸头与孔内的液体接触，减少交叉污染。为防治污染加样时按照从低倍往高倍的顺序，在加红细胞和 4 单位抗原时需要边加边摇匀，保证每孔所加的样品量和浓度准确一致。

③温度对试验的影响较大，如温度过低，会导致反应速度减慢，过高会使凝集速度加快。一般室温（20~25 ℃）放置 30 min，37 ℃放置 20~25 min，试验温度低于 4 ℃时红细胞有时会发生自凝现象。为控制好时间，需及时观察结果，一般每 5 min 观察一次。

④结果判定：以完全抑制 4 个单位抗原的血清的最高稀释倍数作为 HI 滴度，只有阴性对照孔血清滴度≤ $2ln^2$，阳性对照孔血清误差不超过 1 个滴度，试验结果才有效，HI 价小于或是等于 $3ln^2$ 判定 HI 试验阴性；HI 价等于 $4ln^2$ 为可疑，需重复试验；HI 价≥ $5ln^2$ 为阳性。

（3）反向间接血凝试验

①加生理盐水：在 96 孔 V 型微量反应板上进行，从左至右各孔中加 50 μL 生理盐水。

②加样：于左侧第 1 孔中加 50 μL 待检样品，混匀后，吸取 50 μL 至第 2 孔，混匀后，吸取 50 μL 至第 3 孔，依次倍比稀释，直至第 11 孔。将第 11 孔弃掉 50 μL，最后 1 孔为对照。

③加红细胞：自左至右依次向各孔中加 50 μL 的 1% 红细胞，置微型混合器上振荡 1 min 或用手振荡反应板，使血细胞与检测样本充分混匀，在 37 ℃培养箱中作用 15~20 min 后，可观察结果。

④结果判定：以 100% 凝集（红细胞形成薄层凝集，布满整个孔底，有时边缘卷曲呈荷叶边状）的病毒最大稀释孔为该病毒的凝集价，即 1 个凝集单位，不凝集则红细胞沉于孔底呈点状。

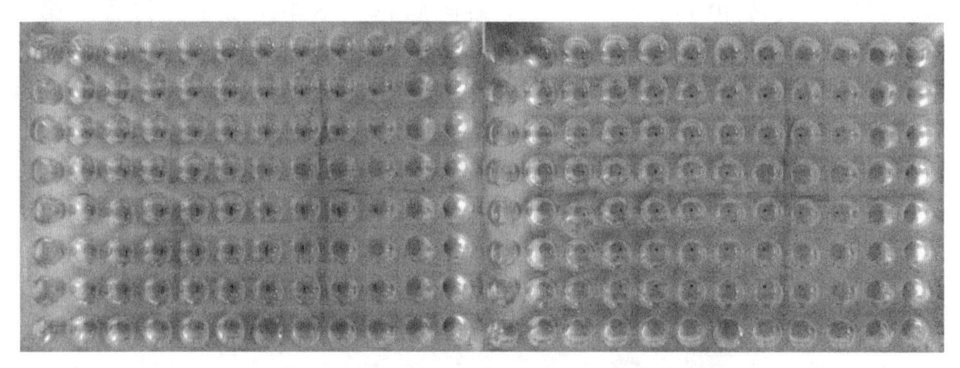

图 5–2　部分样品血凝抑制试验结果图（涂藤摄）

2. 影响血凝试验和血凝抑制试验的因素分析

（1）试验器材：微量反应板选择一次性使用 96 孔 V 型板，要保持板面及孔内的洁净光滑，板面应平直，不能有弯曲甚至折叠的痕迹，整包开封后，若一次使用不完，应保持包装完整，确保剩余反应板的清洁无磨损；微量移液器：吸取液体时遵循“缓吸快打”的原则。

（2）稀释液：在 HA 与 HI 试验中，常以生理盐水（0.85% 的 NaCl 溶液）和磷酸盐缓冲液（pH 值 =7.2 的 PBS）作为稀释液。病毒的血凝性一般在 pH 值为 4.5~7.8 时较稳定，最适 pH 值范围为 6.0~7.2，pH 值在 7.0 时红细胞沉淀最充分，图形最清晰，红细胞对照成立，出现的结果易判读。李晓华（2004）研究指出，当 pH 值＜ 4.4 时，红细胞易发生溶血或自凝；当 pH

值＞8.5时，吸附于红细胞上的病毒易脱落，导致凝集现象不稳定，对照有可能不成立。

（3）抗原和阳性血清：抗原和阳性血清一般为微黄色海绵状疏松团块，使用时最好用0.01 mol/L PBS（pH=7.2）进行稀释。每次试验前必须检测抗原的血凝效价，以确定4单位抗原的配制。抗原溶解分装后置于-20 ℃冷冻保存，尽量减少反复冻融次数，分批使用。

（4）待检血清：采血时环境温度最好为20~25 ℃，利于血液凝固。禽类一般用一次性注射器采集2.5 mL血液，采血时可根据需要采集翅静脉或心脏的血液，去掉针头缓慢注入清洁灭菌的离心管中，摆放离心管使血液形成斜面，放置40 min左右，血液凝固后移入冰箱冷藏室内过夜。第2天即可在血凝块斜面上层析出清亮的血清，将上层血清移出至离心管中。血液样品在运输过程中应防止剧烈振荡，避免产生溶血，影响最终试验结果的判定。也可在采血后将全血立即以3 000 r/min离心10 min，吸取血清，离心后的血清个别呈胶冻样，可能是因为血内的脂类成分过高或由炎症风暴因子引起，在试验前用无菌牙签挤压，可将血清挤压出，用于试验检测。

3. 应用

（1）血凝试验监测家畜O型口蹄疫免疫抗体：口蹄疫（FMD）是由口蹄疫病毒（FMDV）引起偶蹄动物的一种急性、烈性、高度接触性传染病，对人类有一定的感染性。目前，国内常用血凝试验来监测口蹄疫免疫抗体。

（2）弓形体病的间接血凝试验已广泛运用于人和动物弓形体病的生前诊断和流行病学调查，证明具有较高的敏感性和特异性，用双醛（丙酮醛、甲醛）或三醛（戊二醛、丙酮醛、甲醛）固定红细胞而后致敏。

（3）间接血凝试验（IHA）诊断鼠疫：IHA原理是将已知的鼠疫F1抗原/抗体吸附于致敏绵羊红细胞上，携带F1抗原/抗体的红细胞在一定反应条件下与标本中相应的抗体/抗原产生特异性结合，通过凝集相来观察试验结果。IHA包括：正相间接血凝试验（IHA），用于检测血清中的鼠疫F1

抗体；反相间接血凝试验（RIHA），用于检测动物脏器或骨髓等标本中的鼠疫 F1 抗原；该检测方法在以往的鼠疫防控工作中发挥十分重要的作用。IHA 主要用于鼠疫自然疫源的调查、疫源的监测、疑似鼠疫患者诊断和追溯诊断。根据血凝阳性率和滴度可以预测该地区动物间鼠疫流行趋势。在未分离到鼠疫菌的情况下，IHA 具有重要的诊断意义。IHA 具有敏感性高、特异性强、快速、易操作等优点，但存在操作繁琐、结果稳定性差，并且易受温度、酸碱度、嗜异性凝集素等因素的影响。

（4）血凝（HA）试验和血凝抑制（HI）试验检测新城疫病毒和禽流感病毒：取收获的第 4 代鸡胚尿囊液，按照常规 HA 试验的操作方法测定其对于鸡红细胞的凝集价，按常规 HI 试验的操作方法分别测定新城疫病毒、禽流感病毒 H9 和 H5 亚型的 HI 试验标准阳性血清对分离病毒的血凝抑制性。

二、补体结合试验

补体结合试验（CFT）是经典的抗原、抗体检测方法，其灵敏度、特异性均较高，可用于检测某些病毒、细菌、立克次体、钩端螺旋体感染，并且可测定自身抗体、某些蛋白质、酶或激素等，是应用较广泛的试验之一，如：动物布鲁菌感染的诊断方面是世界动物卫生组织认可的布鲁菌感染血清学确诊的经典标准方法。CFT 技术为经典的抗原、抗体反应检测技术，许多新建立的试验方法常用 CFT 进行标准化，对已知的抗原查未知抗体，也可用已知抗体查未知抗原。

（一）试验原理

补体结合试验是在补体参与下，以绵羊红细胞和溶血素作为指示系统，检测未知的抗原或抗体的血清学试验。补体结合试验一共有五种成分参与，分为指示系统和待检系统（已知抗原和未知抗体或已知抗体和未知抗原），补体则是新鲜豚鼠血清。将已知的抗原或抗体与未知标本（可能含有相应抗体或抗原）充分混合，再加入补体作用一段时间，最后加入指示系统。若待检系统有相应抗体或抗原，则能形成抗原抗体复合物，从而消耗了补体，出现不溶血现象，此为阳性；相反，若出现溶血现象，则为阴性。补体结合试验的影响因素较多，正式试验前需对已知部分作一系列滴定，尤其是补体，应选择事宜的量参与反应，避免出现假性结果。每次试验需同时设立多种对照，以作为判断结果的可靠性依据。该试验方法对颗粒性或可溶性抗原均适用，临床上可用于检测某些病毒、立克次氏体和螺旋体感染者血清内的抗体，亦可用于病毒分型。

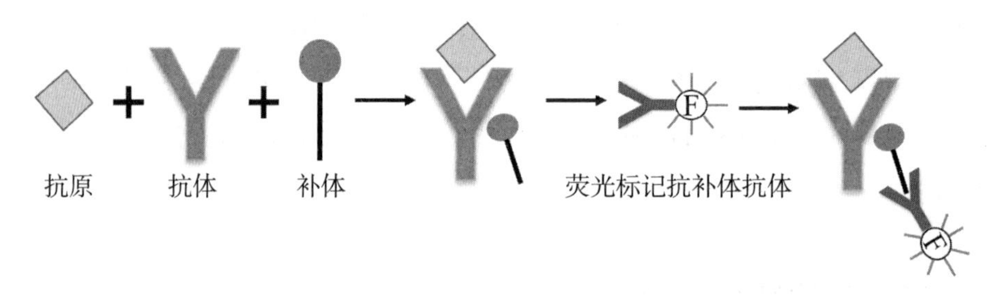

图 5-3　补体结合免疫荧光法原理示意图（江地科绘）

（二）材料及方法

1. 试剂及材料

待检抗体或抗原；采用豚鼠血清作为补体，及时分离血清作为待测样品，需立即使用或 −20 ℃保存备用。试验前，应先将血清 56 ℃加热 30 min（或 72 ℃ 3 min）以灭活补体。

2. 方法

（1）溶血素单位滴定

①按下表 5-1 在各试管分别加入不同稀释倍数的溶血素 0.2 mL 及其成分。

②充分混合后，置于 37 ℃水浴锅中 30 min，观察结果。

③凡最高稀释度的溶血素可呈现完全溶血者为一个单位。举例：表 5-1 结果表明，第 11 管（即 1∶9600 倍稀释）0.2 mL 溶血素为一个单位。在溶血反应中常用 0.2 mL 中含有 2 个溶血素单位的稀释液。

表 5-1 溶血素滴定 （单位：mL）

试管号	溶血素稀释度	补体（1∶30）	生理盐水	2% 绵羊红细胞		结果
1	1∶1 000	0.2	0.4	0.2	摇匀后于37℃水浴30 min	完全溶血
2	1∶1 200	0.2	0.4	0.2		完全溶血
3	1∶1 600	0.2	0.4	0.2		完全溶血
4	1∶2 000	0.2	0.4	0.2		完全溶血
5	1∶2 400	0.2	0.4	0.2		完全溶血
6	1∶3 200	0.2	0.4	0.2		完全溶血
7	1∶4 000	0.2	0.4	0.2		完全溶血
8	1∶4 800	0.2	0.4	0.2		完全溶血
9	1∶6 400	0.2	0.4	0.2		完全溶血
10	1∶8 000	0.2	0.4	0.2		完全溶血
11	1∶9 600	0.2	0.4	0.2		完全溶血
12	1∶12 800	0.2	0.4	0.2		大部分溶血
13	1∶16 000	0.2	0.4	0.2		完全不溶血
对照	—	0.2	0.4	0.2		完全不溶血

（2）补体单位滴定

①按下表 5-2 于各试管分别加入 1∶30 稀释液的补体。

②依次加入其他各成分至每管中，37 ℃水浴一定时间后观察结果，判定补体单位。

③补体单位：凡能使一定量红细胞发生完全溶解的最小补体量，称为 1 个确定单位。如表 5-2 中第 3 管开始出现溶血现象，因此第 3 管（0.1 mL）所含补体量为 1 个确定单位。

由于在实际应用时补体有一部分损失，需增加一些，通常取其次高一管补体量称为 1 个实用单位。在下例中：

1 个确定单位 =0.1 mL 1∶30 稀释的补体。

1 个实用单位 =0.12 mL 1∶30 稀释的补体。

④补体的稀释：每 0.2 mL 补体含 2 个实用单位，可照下法计算，即将补体稀释 25 倍，用 0.2 mL 即可。

$$30 : (2 \times 0.12) = x : 0.2$$

$$x = (0.2 \times 30) / 0.24 = 25$$

⑤正交试验：试验用伤寒杆菌的提取液为抗原与其免疫血清，按表 5-3 顺序操作，观察各管溶血情况，记录并分析其意义。

表 5-2　补体单位滴定　（单位：mL）

试管	补体（1∶30）	生理盐水		溶血素（2 单位）	2% 绵羊红细胞		结果
1	0.06	0.54	37℃ 水浴 45 min	0.2	0.2	37℃ 水浴 30 min	不溶血
2	0.08	0.52		0.2	0.2		稍溶血
3	0.10	0.50		0.2	0.2		全溶血
4	0.12	0.48		0.2	0.2		全溶血
5	0.14	0.46		0.2	0.2		全溶血
6	0.16	0.44		0.2	0.2		全溶血
7	0.18	0.42		0.2	0.2		全溶血
8	—	0.60		0.2	0.2		不溶血

表 5-3　正交试验（定性）

试管	伤寒血清	伤寒抗原	痢疾抗原	补体	生理盐水		溶血系统		结果
1	0.2	0.2	—	0.2	—	摇匀后37 ℃水浴15 min	0.4	摇匀后37 ℃水浴15 min	试验管
2	0.2	—	0.2	0.2	—		0.4		特异性对照
3	0.2	—	—	0.2	0.2		0.4		血清对照
4	—	0.2	—	0.2	0.2		0.4		抗原对照
5	—	—	—	0.2	0.2		0.4		补体对照
6	—	—	—	—	0.6		0.4		溶血素对照

（三）补体结合试验应用

1. 布鲁菌病的试验诊断方法

补体结合试验通过标本内抗原抗体复合物同补体结合，暴露抗原或抗体进行诊断，灵敏度和特异度较高，但操作复杂，一般不用于常规检验，仅作为确诊试验或用于判断其他方法难以确诊的样品。

2. 补体结合试验检测伊氏锥虫病

该技术现已用于商品化伊氏锥虫病检测试剂盒。

3. Q 热诊断技术

Q 热是由贝氏柯克斯体引起的一种自然疫源性人兽共患病，是有补体参与的，以绵羊红细胞和溶血素组成指示系统的免疫检测方法，是 Q 热抗体检测中特异性非常高的一个试验，被许多国家试验室采用。1958 年在我国内蒙古自治区，检测到人血清中含有 Q 热补体结合阳性抗体，同时在当地的牛羊血清中也检测到 Q 热抗体。有学者对波兰 6 个区域的 151 名农场工人血清用 CFT 进行 Q 热抗体检测，发现平均血清阳性率为 15.23%，对 1 200 只蜱虫进行检测，发现 Q 热感染率为 15.9%。

4.微量补体结合反应测定动物血清中补体效价

微量补体结合试验检测牛、羊副结核病：《中华人民共和国出入境检验检疫行业标准》中规定了“副结核病补体结合试验操作规程”方法（简称常量法）和微量补体结合试验。

当某些动物发生先天性补体缺陷或数量不足时，会造成机体的非特异性免疫和特异性免疫力低下，易遭受病原微生物的攻击，给动物健康造成巨大的威胁。应用微量反应板，可以使用适用于大批量样品检测补体活性的方法。

注意：在区分补体结合试验和有补体参加的反应过程中，补体参与的反应主要分为两大类，一类是补体被激活后直接引起的溶解反应；另一类是补体与抗原抗体复合物结合后不引起可见反应，但可作为指示系统测定补体是否被结合，从而间接地检测反应系统是否存在抗原抗体复合物。

三、沉淀试验

（一）原理

沉淀试验的检测方法有多种，如环状沉淀检测、免疫扩散试验，以及对流免疫电泳检测等。基本检测原理为可溶性抗原（如病毒、多糖、蛋白质、脂类等）与相应的抗体结合后，在二者比例合适且有适量电解质的存在下，能形成肉眼可见的白色沉淀即等价带，以此判定抗原抗体是否相结合。其中，参与沉淀试验的抗原称为沉淀原，抗体称为沉淀素，若抗体量远远大于抗原，则看不见复合物，称前带现象；若抗原量远远大于抗体，也看不见复合物，称后带现象。在沉淀试验中，常常会出现后带现象，故通常将抗原倍比稀释，并以抗原稀释度作为沉淀反应效价。

（二）方法

1.环状沉淀试验

环状沉淀试验以炭疽环状沉淀反应为例，炭疽环状沉淀试验又称 Ascoli

反应。病死家畜疑似感染炭疽杆菌时，因禁止解剖而给疾病的现场诊断带来一定困难，仅可割取耳朵或舌尖进行送检，除了细菌的分离鉴定以外，另一种可靠的检测方法就是依靠血清学检测技术进行诊断。

（1）制备沉淀原：取病死家畜耳朵皮肤一小块，置于 37 ℃烘干，121 ℃高压灭菌 30 min 后，将样品剪碎并称重。按比例加 5~10 倍的石炭酸生理盐水，室温浸泡 12~24 h，用滤纸过滤 3 次后，得到透明液体即为待检沉淀原。

（2）加样：取 3 支试管，分别用毛细管顺管壁添加 0.2~0.4 mL 炭疽沉淀血清，其中一只试管沿管壁缓慢加入待检沉淀原，另外两只试管分别加入生理盐水以及炭疽杆菌阳性抗原作为阴阳性对照，上下两层液体切勿产生气泡。

（3）结果判定：加样完成后 5~15 min 内观察并判定结果。当阳性对照试管两液面交界处出现白色环状沉淀，阴性对照试管两液面交界处不出现白色环状沉淀时，反应成立。待检样品试管中，上下两液接触面出现乳白色环状则判定为阳性反应，两界面出现模糊不清的疑似白色环状则判定为可疑，无白色环状则判定为阴性反应。

2. 免疫扩散试验

免疫扩散试验包括单向单扩散、单向双扩散、双向单扩散及双向双扩散。抗原和抗体在琼脂凝胶的微孔中自由扩散，并且在两者比例适当处形成肉眼可见的沉淀线。

（1）单向单扩散

①配制 0.3% 的琼脂，溶解冷却至 45 ℃时，加入适当稀释的阳性抗体并分装于小管内备用。

②加样：待琼脂凝固后，滴加待检抗原并置于密闭湿盒中静置，抗原即可与抗体在合适的浓度比例结合形成沉淀线。

③结果判定：沉淀线的数目与抗原抗体的数目相同，即有多少对抗原抗体能结合就会有多少沉淀线产生。

（2）双向单扩散

①制备浓度为1.5%左右的含有抗体的琼脂，在平皿上制成凝胶板并打上直径约为2 mm的小孔。

②加样：将抗原滴加于小孔中，抗原便可向四周扩散。

③结果判定：抗原与抗体在合适的比例形成沉淀线，有多少种抗原抗体体系就可出现多少条沉淀线。

（3）双向双扩散

双向双扩散是目前使用最广泛的一种免疫扩散检测方式，又称琼脂扩散沉淀试验。

①制备浓度为1.5%的琼脂并在平皿上铺成凝胶板，用打孔器打成梅花孔。

②加样：在中央孔加入抗原，周围孔加入倍比稀释的抗体。

③结果判定：抗原抗体在比例合适出形成沉淀线，该方法不仅可以对抗体或抗原成分进行鉴定，还能够测定抗体的效价。

3. 对流免疫电泳检测

对流免疫电泳主要通过电泳加速抗原抗体定向扩散的双向免疫电泳扩散技术。在pH值8.6的琼脂凝胶中，抗原蛋白质分子小，带有较强的负电荷，且电渗作用影响小，因此在电泳时，抗原分子向正极泳动。抗体球蛋白分子较大，带有微弱的负电荷，并且往往不能抵抗电渗作用，因此在电泳时，反而向负极泳动。通过此原理，可以将抗原加置阴极，抗体加置阳极，电泳时一定时间后，抗原和抗体将在比例适当的琼脂凝胶处形成沉淀线。这种检测技术不仅加速了反应，并且帮助抗原抗体定向流动以此提高灵敏性及准确性，可用于各种蛋白的定性和半定量测定。

（1）制备琼脂板：配成1%~1.5%琼脂凝胶板，厚度2~3 mm，调整pH值为8.6。待琼脂冷却后，用打孔器打成对的小孔若干排，孔距为0.4~1.0 cm。

（2）加样：一对孔中，靠阴极的孔加已知（或待测）抗原，靠阳极的孔加待测（或已知）抗体，同时设置阴阳性对照。

（3）电泳：将抗原孔置于负极端。电压设定为2.5~6V/cm，电泳时间设定为30~90min。

（4）结果判定：阴性对照两孔中间不出现沉淀线，阳性对照两孔中间出现沉淀线时，实验成立。待检样品两孔中间若出现沉淀线，则说明待测抗原或抗体为阳性，反之则为阴性。

（三）应用

1.寄生虫检测

广州管圆线虫第Ⅲ期幼虫被人误食后可侵入小肠组织，进入血液循环，并到达肺、脑、肾等重要组织器官，发育成Ⅳ期或Ⅴ期幼虫，幼虫在人体进而侵犯中枢神经系统，引起嗜酸性粒细胞增多性脑膜脑炎或脑膜炎，严重者可致昏迷甚至死亡。目前临床诊断上主要依靠流行病史、血液和脑脊液检查、影像学检查等方法，但这些方法受到多种因素的影响，对于感染早期或轻度感染者往往不易得到及时、正确的诊断结果。近年来，国内外学者将间接血凝试验、间接荧光抗体试验、酶联免疫吸附试验等免疫学技术应用于广州管圆线虫病的诊断中，取得了较好的效果。环状沉淀试验是检测抗原抗体反应的一种实验类型，只有当受检血清中的特异性抗体与虫卵表面抗原二者之间达到合适比例时，才发生沉淀反应。有研究表明，随着感染时间的延长，血清抗体水平的不断升高，虫卵的阳性反应数也逐步增多，广州管圆线虫环卵沉淀试验阳性率也随之增高并维持在较高的水平，这对于广州管圆线虫病散发病例的便捷、快速诊断提供了可选择的方法。

2.细菌检测

放射免疫沉淀试验（RIP）是将灵敏度极高的放射性同位素技术与高度特异性免疫化学方法相结合的检查方法。20世纪80年代初由王迈等人在国内首先引进并建立了应用RIP检测鼠疫Fl抗体的方法，至今全国已有20个地区在鼠疫自然疫源地监测中应用，目前它被认为是敏感性和特异性最好的方法之一。

四、凝集试验

（一）原理

凝集试验的检测方法有多种，如直接凝集试验、间接凝集试验、固相免疫吸附血凝技术等。其基本检测原理均为颗粒性抗原（如细菌、红细胞等）与相应的抗体结合后，在适量电解质下能形成肉眼可见的凝集块。其中参与凝集试验的抗原称为凝集原，抗体又称为凝集素，通过观察是否产生凝集块，可以直观准确地判别抗原抗体是否相结合。

（二）方法

1. 直接凝集试验

直接凝集试验是将颗粒性抗原和相应的抗体直接反应，形成肉眼可见的凝集块，常见的直接凝集试验有玻片凝集试验和试管凝集试验。

2. 玻片凝集试验

玻片凝集试验又称平板凝集试验，该方法能定性测定待检抗原抗体，常用于疾病的检测诊断、血型的分型、细菌的分型方面。

（1）加样：在玻片上滴加适当凝集原，随之滴加适量抗体。每次操作时需设定阴阳性对照。

（2）结果判定：反应在 1~3 min 内完成，当阴阳对照成立时，出现凝集块则判定为凝集，不出现凝集块为不凝集。

3. 试管凝集试验

（1）加样：将待检血清倍比稀释加入试管中，将适宜浓度的抗原加入试管中，并做阴阳性对照。

（2）结果判定：试管置于 37 ℃培养箱中培养 4~10 h，室温静置 18 h

后判定结果，阴阳性对照正确时实验成立，以出现凝集现象的最高抗体稀释度作为血清凝集价（滴度）。

4. 间接凝集试验

将可溶性抗原或将抗体先吸附于与免疫无关的、大小适当的颗粒表面，使之成为致敏载体颗粒，然后与相应的抗体或抗原作用，在适宜的电解质存在的条件下，出现特异性的凝集现象叫做间接凝集试验。用可溶性抗原制成的致敏载体颗粒检测相应的抗体称为正向间接凝集试验，反之为反向凝集试验。

5. 固相免疫吸附血凝技术

固相免疫吸附血凝技术（SPISHA）是一种与酶联免疫吸附试验（ELISA）、固相放射免疫方法（SPRIA）原理相近的免疫学检测方法，可分为固相血凝试验、固相间接血凝试验、固相反向间接血凝试验。试验使用红细胞、抗原或抗体致敏的红细胞作为指示系统，代替酶或者核素标记抗体，通过观察红细胞是否被吸附到载体上出现凝集现象来判定试验结果。

（三）应用

1. 病毒检测

凝集试验由于其操作简单、具有良好的敏感性和特异性，已广泛用于各种疫病的初步筛查和诊断。程龙飞等采用乳胶凝集方法建立了快速检测鸭3型腺病毒的方法，该方法特异性强、重复性好，且无需昂贵仪器即可完成检测。有作者使用将鸭疫里默氏杆菌重组蛋白OmpA致敏羧化聚苯乙烯乳胶试剂，建立一种可快速检测鸭疫里默氏杆菌抗体的方法，适用于临床现场快速筛查，对该病的流行病学调查及疫病防控具有重要意义。

2. 细菌检测

布鲁氏杆菌是一种革兰氏阴性菌。它不运动、无荚膜、无触酶，且氧化酶阳性、硝酸盐阳性，一般寄生于多种常见家畜细胞内，可以对接触过家畜的人消化道或皮肤、黏膜造成感染。该病是临床常见的传染性疾病，其早期诊断和治疗是改善疾病预后的关键。临床上布鲁氏杆菌病的主要检测方法包括虎红平板凝集试验、酶联免疫吸附试验、荧光偏振免疫试验、试管凝集试验等。以往认为试管凝集试验诊断布鲁氏杆菌病效果较好，该技术具有操作便捷、检测所需时间较短等优点。

五、病毒中和试验

（一）原理

病毒中和试验（VNT）是病毒或毒素与相应的抗体结合后，失去对易感动物的致病力。在病毒中和试验中使用的抗体为中和抗体，是指在病原体感染过程中，产生可以阻止病原体与宿主细胞表面受体相互结合的抗体，从而使病原体不能与靶细胞黏附并侵入靶细胞中复制与繁殖。

中和抗体、抗体及保护性抗体都有本质性区别，一般来讲，中和抗体都能避免机体感染相应病原体引发传染病，但有些中和抗体却可与受体或补体相互作用，增强病毒在体内的致病力，造成抗体依耐性增强的现象，例如登革热病毒中和抗体。抗体是 B 细胞受到特定抗原信号刺激后，活化、增殖和分化成为浆细胞，由浆细胞产生和分泌可以与相应抗原在体内或体外发生特异性结合的球蛋白。一般来说，机体免疫系统接触抗原后会产生相应的抗体，但这样的抗体不一定能阻止病原体感染并保护人体避免发生传染病。例如人体感染 HIV 后能够产生抗 HIV 的抗体，但是不能避免传染病的发生，所以检测抗体一般用于诊断是否感染病原。保护性抗体是指可以保护机体的抗体，避免由于相应病原体的侵入而引发疫病。因此，上述三种抗体可以简单总结为抗体是接触抗原后机体产生的，中和抗体能够阻止病原体与受体结合，保护性抗体能够真正避免机体发生传染病。

（二）方法

1. 固定病毒稀释血清法

（1）病毒滴度测定：病毒滴度又称病毒毒价。准备好试验动物或组织细胞后，用梯度稀释的病毒感染动物或组织细胞，计算半数致死量（LD50）或组织细胞培养半数感染量（TCID50）作为病毒的毒价。

（2）加样：将病毒稀释为每一单位剂量含 200 个 TCID50，与等量倍比稀释的血清混匀，37 ℃放置 1 h。

（3）接种动物：每一混合的液体接种 5 组试验动物或组织细胞，记录每组试验对象的存活数以及死亡数。

（4）结果判定：用 Karber 计数法计算血清的半数保护量（PD50），及血清的中和价。

2. 固定血清稀释病毒法

（1）加样：将病毒原液做 10 倍倍比稀释并分装成两组，一组加等体积的正常血清，另一组加等量的待检血清，混合均匀后于 37 ℃放置 1 h。

（2）接种动物：每一混合的液体接种 5 组试验动物或组织细胞，记录每组试验对象的存活数以及死亡数。

（3）结果判定：分别计算 LD50 和中和指数。中和指数 = 中和组 LD50/ 对照组 LD50。

（三）应用

H7N9 禽流感病毒作为人畜共患病，具有高致病性、耐药性及潜在流行性进而被广泛关注。中国作为畜牧业大国，也在致力于 H7N9 流感疫苗的研制，以防止 H7N9 流感病毒的大面积传播，危害人民健康。在现有的几种流感血清抗体检测方法中，基于酶联免疫法的微量中和试验法（ELISA-MNT）与血凝抑制试验等其他方法相比，该方法能直接检测血凝素的中和抗体。该方法试验周期短只需要 2 天，即可判定结果，可用于大量样本的检测，能够满足流感疫苗临床试验的需要。并且，该方法具有良好的特异性、重复性，能够真实地反应待测样本中的中和抗体水平，可应用于 H7N9 流感疫苗临床试验评价疫苗免疫原性。

六、免疫荧光技术

（一）原理

免疫标记技术（immunolabelling techniques）是指用荧光素、放射性同位素、酶、铁蛋白、胶体金及化学（或生物）发光剂作为示踪物，标记抗体或抗原进行的抗原抗体反应，借助于荧光显微镜、酶标检测仪等仪器，对实验结果直接镜检观察或进行自动化测定，可在细胞、亚细胞以及分子水平上，对抗原抗体反应进行定性和定位研究或应用各种液相和固相免疫分析方法，对体液中的半抗原、抗原或抗体进行定性定量测定。因此，免疫标记技术在敏感性、特异性、精确性上都超过一般血清学的方法。

根据标记物的种类和检测方法不同，免疫标记技术可分为免疫酶技术（以酶联免疫吸附试验为常用）、免疫荧光技术、放射免疫技术、SPA 免疫检测技术、胶体金免疫检测技术等，本节主要介绍免疫荧光技术。

免疫荧光技术是将免疫学方法（抗原抗体特异结合）与荧光标记技术结合起来研究特异蛋白抗原在细胞内分布的方法，包括直接法、间接法、以及补体法，常用荧光素是异硫氰酸荧光素。由于荧光素所发的荧光可在荧光显微镜下检出，从而可对抗原进行细胞定位，该技术具有简单、特异性高、敏感性低等特点。

（二）方法

1. 直接法

（1）标记：将荧光素标记于抗体分子上

（2）检测：直接用荧光素标记抗体检测组织中的细菌、病毒。

（3）结果判定：当抗原与荧光素标记的抗体结合，在荧光显微镜下观察，能够对抗原进行定位。

2. 间接法

（1）标记：用荧光素标记抗球蛋白抗体，即抗抗体。

（2）检测：将抗原固定于检测板上，滴加抗体作用一定时间后，用 PBS 洗涤三次，滴加抗抗体在抗原抗体复合物上，在显微镜下观察。

（3）结果判定：如果抗原抗体能够发生特异性结合，便能形成抗原—抗体—荧光素标记抗抗体的复合物，荧光显微镜下显示特异性荧光。

3. 补体法

（1）标记：利用荧光素标记抗补体的抗体。

（2）检测：将已知的抗体和补体滴加在待检测抗原上，作用一定时间后，用 PBS 洗涤 3 次，滴加用荧光素标记的抗补体的抗体，在显微镜下观察。

（3）结果判定：如果抗原抗体能够发生特异性结合，则被补体固定，加入抗补体的抗体后，能够形成抗原—抗体—补体—荧光素标记抗补体抗体的复合物，在荧光显微镜下显示特异性荧光。

3. 应用

多重免疫荧光染色技术利用抗原－抗体特异性结合的原理，可对肿瘤细胞中多种蛋白进行可视化定量、定性及定位，为肿瘤细胞研究提供了一种良好的研究手段。

第二节　新型免疫学诊断技术

一、胶体金技术

（一）胶体金原理

免疫胶体金技术（GICT）主要利用了金颗粒具有高电子密度的特性，在显微镜下可见黑褐色颗粒，当这些标记物在相应的配体处大量聚集时，肉眼可见红色或粉红色斑点，因而用于定性或半定量的快速免疫检测方法中，这一反应也可以通过银颗粒的沉积被放大，称之为免疫金银染色。在动物疫病诊断中，最常用的是斑点金免疫渗滤法（DIGFA）和胶体金免疫层析法

（GICA），这两种方法都是将待检样品加入抗原或抗体中，经过渗滤作用或毛细管作用使两者结合，再使用胶体金进行标记。

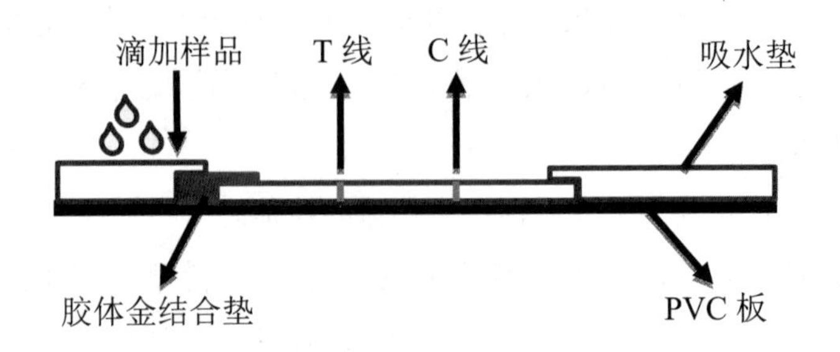

图 5-4　胶体金免疫层析法原理示意图（江地科绘）

1. 斑点金免疫渗滤法（DIGFA）

斑点金免疫渗滤是以微孔滤膜为固相载体，包被已知抗原或抗体，加入待测样本后，经微孔膜的渗滤作用使待测样本中的抗体或抗原与膜上包被的抗原或抗体结合，再通过胶体金标记物与之反应形成红色的可见斑点。整个实验在一个充满吸水填料的渗滤装置（塑料小盒）内完成，小盒分为底和盖，盖上一般有直径 0.5~0.8cm 的小孔。小孔用于显露位于其下方的硝酸纤维素膜以判读结果。反应可根据待测物的不同，选择不同的实验方法。

2. 胶体金免疫层析法（GICA）

采用胶体金标记技术，是以胶体金作为示踪标志物应用于抗原抗体的一种新型的免疫标记技术，近年来应用于各种动物疫病抗原和抗体的快速检测。胶体金免疫层析法操作简单、快速，不需实验室仪器支撑，可在 10 min 内完成检测。

（二）方法

1. 斑点金免疫渗滤法

（1）硝酸纤维素膜的选择：硝酸纤维素膜（简称 NC 膜），在斑点金免疫中作为质控线（C 线）和检测线（T 线）的承载体，同时也是免疫反应的发生处，对膜的选择需要考虑蛋白质结合力、孔径大小、流动速率、膜的厚度等方面。作为免疫渗滤技术发生免疫反应的固相支持物，硝酸纤维素膜的性质和质量至关重要，甚至影响到整个实验的成败。

（2）蛋白与硝酸纤维素膜的结合：要使免疫渗滤能有稳定的结果，用来捕获待测物的抗体（或抗原）与膜的结合是关键因素，蛋白与膜结合可以通过物理吸附也可通过化学交联结合。

（3）物理吸附结合：该方法多为将 NC 膜浸泡在某种液体中。常见的方法有 :（1）去离子水中浸泡 0.5~2 h 后室温晾干备用。（2）80% 乙醇中浸泡 10 min 后室温晾干备用。（3）0.01 mol/L 磷酸盐缓冲液（PBS）中浸泡，活化备用。（4）PBST（0.01 mol/L PBS 和 0.05% 吐温 −20 ℃）中浸泡 2 h 后室温晾干备用。（5）0.05 mol/L 的碳酸盐缓冲液浸泡后室温晾干备用。（6）pH 值 7.5 10 mmol/L Tris−HCL，50 mmol/L NaCl 中浸泡一夜，自然干燥备用。

（4）化学交联结合：2 mL 二乙烯砜溶于 4 mL 二甲基甲酰胺中，再加 0.5 mol/L $NaHCO_3$ /Na_2CO_3（pH 值 10.0）34 mL，搅拌均匀。放 1 片 NC 膜于上述液体中 21 ℃反应 1 h，蒸馏水洗涤 1 min（4 ℃可以存放至少 1 个月）后，将 NC 膜浸泡在 21 ℃（室温）1% 乙二胺水溶液中 30 min，洗涤后与 1% 戊二醛（0.5 mol/L $NaHCO_3$/Na2CO_3 ）21 ℃反应 15 min，蒸馏水洗涤后 4 ℃晾干备用。

（5）吸水材料的选择：免疫渗滤试验仅需硝酸纤维素膜和吸水材料即可，所以吸水材料的吸水性是控制试验时间和敏感性的一个重要因素。

（6）胶体金（colloidal gold）：是由氯金酸（$HAuCl_4$）水溶液在枸橼酸钠、鞣酸、白磷、抗坏血酸等还原剂的作用下，聚合成特定大小的金颗粒，它带负电且疏水，由于静电作用成为一种稳定的胶体状态，所以被称为胶体金。胶体金颗粒在弱碱性环境中带负电荷，可与蛋白质分子的正电荷基团因静电吸附而牢固结合，由于这种结合是静电结合，所以不影响蛋白质的生物特性。金颗粒的大小关系到检测信号的强度，但是随着金颗粒直径的增大，空间位阻又成了问题。胶体金制备中加入还原剂浓度越高所合成的胶体金颗粒就越小。不同大小的胶体金成色有一定的差别，2~5 nm 是橘黄色，10~20

nm 是酒红色，大颗粒 30~64 nm 是深红色。质量较好的胶体金在日光下观察清亮透明，无沉淀和漂浮物，经分光光度计检测为单一吸收峰，也可使用透射电镜观察其颗粒大小、形状和凝集情况。胶体金标记，实质上是抗体的 Fc 片段紧紧地吸附在金颗粒表面上，Fab 端与抗原结合。蛋白质与金颗粒的结合机制有以下 3 个方面：

①带负电荷的金颗粒与蛋白质上的带正电氨基反应；

②蛋白质通过疏水作用吸附于金颗粒表面；

③蛋白质中半胱氨酸的硫残基与金颗粒的电子层发生配位结合。在胶体金标记后需加入一定量的稳定剂，封闭金颗粒未被占据的位点以减少非特异性反应并稳定悬胶溶液， 常用的稳定剂有 BSA、聚乙二醇（PEG）、明胶和干酪素等。

图 5–5　制备的胶体金溶液（江地科摄）

（7）蛋白质（抗原或抗体）与膜结合及膜的后处理：①溶解抗原或抗体的缓冲液选择。因各种抗原（或抗体）的成分是不同的，其最大结合量工作缓冲体系各不相同。蛋白工作缓冲系统的属性能够改变蛋白质与 NC 膜的结合作用，其中缓冲液的离子强度、酸碱度（pH 值）及所用共沉淀剂的浓度。②抗原（或抗体）的浓度选择。包被 NC 膜所用抗原（或抗体）的量直接影响到检测的敏感性，适度提高包被蛋白的浓度可提高检测的敏感性，但要避免前带现象或钩状效应的发生。③膜的后处理。在抗原（或抗体）与膜结合后还要进行处理，主要有：a. 干燥或烘干，使抗原（或抗体）能够维持免疫反应活性并与膜牢固结合。充足的干燥与整个试验的稳定性密切相关。b. 封闭剂的使用。封闭剂能够将膜上未结合位点封闭以防非特异性吸附，常用的封闭剂有各种蛋白质，如凝胶、脱脂奶粉、干酪素、BSA；人工多聚物如聚维酮（PVP）、聚乙烯醇（PVA）、PEG；以及表面活性剂如Tween−20、TritonX−100。

2. 胶体金免疫层析法

（1）双抗体夹心法：多用于检测多表位抗原，其金标抗体和T线上的抗原单克隆抗体多选用相距较远的两个不同表位的特异性抗体，该检测方式多用于病毒检测。检测过程中，在检测流程中目标抗体会与抗原的先行结合，无形中会减少其他不相关抗体为检测带来的干扰，这也是该项技术相对于间接免疫层析技术的突出优点。

（2）竞争法：用于检测仅含有一个免疫结合位点的小分子抗原，其作用原理为将目标抗原的特异性抗体作为金标抗体包被于金标垫上，T线处则包被目标抗原。当检测物内含有目标抗原时，根据毛细作用会向前泳动而后与金标抗体进行特异性结合形成复合物，由于竞争作用当该复合物移动至T线时便不再与此处的抗原进行结合，因此T线不显示颜色或颜色较浅，该复合物继续移动至C线与此处二抗进行结合，C线显示颜色。即当T线不显色或颜色淡于C线时则为阳性。而当检测物内不含有目标抗原时，金标抗体则会与T线上的抗原进行结合，进而使得T线与C线均显示颜色，结果呈现阴性。此方法多用于对药物及毒素残留的检测。

（3）间接法：多用于对病毒或细菌相应血清抗体的检测中。将目标抗体的二抗作为金标抗体包被于金标垫上，T线（检测线）包被目标抗体的特异性抗原，C线（质控线）则固定金标抗体的相应抗体。当检测物中含有目标抗体时，则T和C线都会呈现颜色，此时判定为阳性，而当仅C线呈现颜色时，检测结果为阴性。

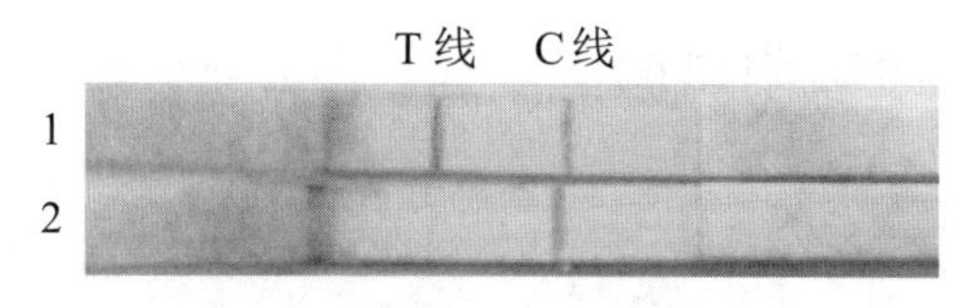

图5-6　胶体金试纸测试血清检测结果（江地科摄）

注：1. 阳性血清。2. 阴性血清

（三）应用

1. 病毒检测

目前，分别对猪流感病毒、猪繁殖与呼吸综合征病毒、猪圆环病毒、猪瘟病毒、伪狂犬病毒、口蹄疫病毒、猪流行性腹泻病毒、禽流感病毒、新城疫病毒、鸭坦布苏病毒、鸡传染性贫血病毒、鸡传染性法氏囊病毒、狂犬病毒、犬瘟热病毒、细小病毒、小反刍兽疫病毒、牛病毒性腹泻病毒、疱疹病毒等开发了免疫胶体金快速检测方法，已证实具有良好的特异性、敏感性和稳定性。

本课题组通过将猪瘟病毒 E2 蛋白作为捕捉抗原，以纯化的抗猪瘟 E2 蛋白多克隆抗体和 HRP 兔抗猪 IgG 分别作为 C 线和 T 线包被于硝酸纤维素膜上，制备胶体金试纸条，与 CSFV 抗体检测 ELISA 试剂盒阳性符合率为 92.05%，并具有良好的特异性，敏感性和稳定性。

2. 细菌检测

目前，免疫胶体金检测技术在布鲁氏菌、牛结核杆菌、霍乱弧菌、金黄色葡萄球菌、鸭疫里默杆菌、出血性大肠杆菌、猪霍乱沙门氏菌、副鸡禽杆菌、空肠弯曲菌、炭疽杆菌、李斯特菌、土拉热弗朗西斯菌、破伤风杆菌、鼻疽伯克霍尔德氏菌等多种致病菌上均有涉及，与其他检测技术相比明显缩短了检测时间，灵敏性和特异性也相对较高。

3. 寄生虫检测

目前对小隐孢子虫、羊泰勒虫、疟原虫、华支睾吸虫、弓形虫等寄生虫病均发明了免疫胶体金检测方法，已证实其特异性和敏感性较高，且比其他检测方法更简便快速。

二、酶联免疫吸附试验

（一）原理

酶联免疫吸附试验（ELISA）将抗体或抗原结合到某种固相载体表面，

保持其免疫活性。使抗原或抗体与某种酶连接成酶标抗原或抗体，这种酶标抗原或抗体既保留其免疫活性，又保留酶的活性。在测定时，将待检样品（测定其中的抗体或抗原）和酶标抗原或抗体按不同步骤与固相载体表面的抗原或抗体进行反应，用洗涤的方法去除固相载体上未结合的抗原抗体，加入酶反应的底物后，可根据颜色反应的深浅和微孔板阅读器（酶标仪）判定其 OD 值。

（二）方法

1. 双抗体夹心法

（1）铺板：将特异性抗体与固相载体连接，形成固相抗体，洗涤除去未结合的抗体及杂质。

（2）加受检标本：使之与固相抗体接触反应一段时间，让标本中的抗原与固相载体上的抗体结合，形成固相抗原复合物，洗涤去除其他未结合的物质。

（3）加酶标抗体：使固相免疫复合物上的抗原与酶标抗体结合，洗涤未结合的酶标抗体，此时固相载体上带有的酶量与标本中受检物质的量呈正相关。

（4）加底物：夹心式复合物中的酶催化底物成为有色产物，可通过酶标仪测定其 OD 值。

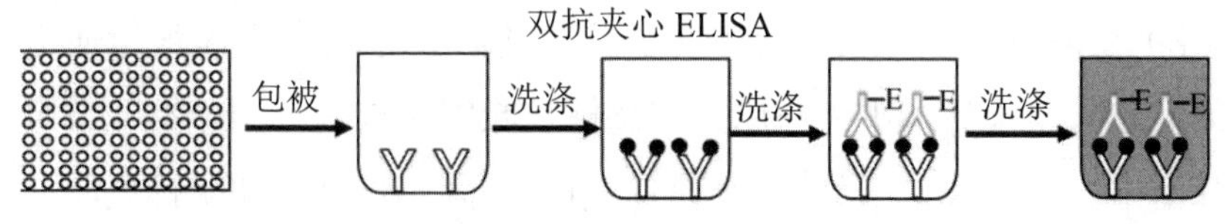

图 5-7　双抗夹心 ELISA 试验原理（周游绘）

2. 间接法测抗体

间接法是检测抗体最常用的方法，其原理为利用酶标记的抗抗体以检测已与固相抗原结合的受检抗体，故称为间接法。

（1）铺板：将特异性抗原与固相载体连接，形成固相抗原，洗涤去除未结合的抗原及其他杂质。

（2）加入稀释的待检血清：其中的特异抗体与抗原结合后，形成固相抗原抗体复合物。经洗涤后，固相载体上只留下特异性抗体，其他免疫球蛋白及血清中的杂质由于不能与固相抗原结合，在洗涤过程中已被去除。

（3）加酶标二抗体：与固相复合物中的抗体结合，从而使该抗体间接地标记上酶。洗涤后，固相载体上的酶量就代表特异性抗体的量。

（4）加底物显色：颜色深度代表标本中受检抗体的量。本法只要更换不同的固相抗原，可以用一种酶标二抗体检测各种与抗原相应的抗体。

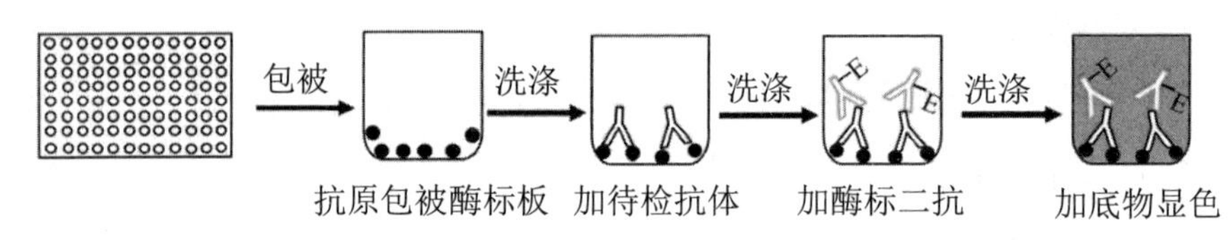

图 5–8　间接 ELISA 试验原理（周游绘）

3. 竞争法

竞争法可用于测定抗原，也可用于测定抗体。以测定抗原为例，受检抗原和酶标抗原竞争与固相抗体结合，因此结合于固相的酶标抗原量与受检抗原的量呈反比。

（1）铺板：将特异抗体与固相载体连接，形成固相抗体，洗涤去除未结合的抗体及杂质。

（2）待测管中加入受检标本和一定量酶标抗原的混合溶液，使之与固相抗体反应。受检标本中无抗原，则酶标抗原能顺利地与固相抗体结合，若受检标本中含有抗原，则与酶标抗原竞争结合固相抗体，使酶标抗原与固相载体的结合量减少。对照管中只加入酶标抗原，酶标抗原与固相抗体的结合可达最充分的量，洗涤去除未结合抗原。

（3）底物显色：对照管中由于结合的酶标抗原最多，故颜色最深，通过对照管颜色深度与待测管颜色深度之差，可检测出样品抗原的量。

（三）应用

ELISA 应用的范围很广，而且正在不断地扩大，原则上 ELISA 可用于检测抗原、抗体及半抗原，也可直接进行定量检测。酶免疫试验结合光学显微镜或电子显微镜可进行抗原定位与结构的研究，用酶标记抗原或抗体结合免疫扩散及免疫电泳可提高试验的敏感性。在应用方面可作为疫病临床诊断、疾病监察、疾病普查、法医检查、兽医及植物病害等疫病诊断。因此，它和生物化学、免疫学、微生物学、药理学、流行病学及传染病学等方面密切相关。

目前，本课题组已利用间接 ELISA 技术建立了快速检测非洲猪瘟病毒（ASFV）的血清学方法，该方法的检测灵敏度为 1∶2 560；利用猪繁殖与呼吸综合征病毒（PRRSV）M 蛋白建立了快速检测 PRRSV 抗体的间接 ELISA，对 400 份临床样品进行检测，与 IDEXX 试剂盒的符合率为 95.3%。

三、免疫印迹技术

（一）原理

蛋白质印迹法具体流程包括蛋白样品的制备、SDS 聚丙烯酰胺凝胶电泳、转膜、封闭、一抗杂交、二抗杂交和底物显色。在体外将已获得的蛋白质经聚丙烯酰胺凝胶电泳分离后，将其组分从凝胶中转移至固相载体上，一般采用硝酸纤维素膜或 PVDF 膜。膜以非共价键形式吸附蛋白质，得以保持电泳分离的蛋白质多肽类型及生物活性不变，再通过选取的目标蛋白一抗与已转移至膜上的蛋白发生免疫反应，并与酶标记的二抗反应，最终通过底物显色以检测蛋白。常用的方法有包埋法（本体聚合）、表面印迹法、抗原决定基法。包埋法（本体聚合）：将蛋白质分子、功能单体、交联剂和引发剂通过光引发或热引发制成块状聚合物，经粉碎、过筛得到细小颗粒，该法操作条件易于控制，且对蛋白质分子有良好的识别能力。表面印迹法：该法的识别位点处于颗粒表面，通常在微球表面进行键合作用，且具有易洗脱并可提高吸附性能，在色谱操作或制备生物芯片方面有良好的应用前景。

（二）材料与方法

1. 材料

100 mM Tris-HCl（pH 值 6.8）、200 mM DTT、4% SDS、0.2% 溴酚兰、20% 甘油和 ddH_2O。

（1）蛋白样品处理：按 1∶1 比例与蛋白质样品混合，95~100 ℃加热 5~15 min，在冰上冷却后再上样，上样量一般为 20~25 μL，总蛋白量 20~50 μg。

（2）聚丙烯酰胺凝胶电泳配制：相应浓度的 SDS-PAGE 分离胶，加入四甲基乙二胺（TEMED）后迅速混匀制胶，沿壁迅速灌注分离胶溶液，留出积层胶所需空间。覆盖 5mm 水层于分离胶溶液上，20~30 min 后分离胶和水层之间有界面出现，表明分离胶充分聚合。用 ddH_2O 轻洗涤凝胶顶部数次，除去未聚合的凝胶，用滤纸吸净残留液体。配制相应体积的积层胶液体，直接在已聚合分离胶上灌注积层胶液体，之后立即插入加样梳，并在空隙处补足积层液液体，室温静置 20~40 min 至完全聚合，将凝胶固定于电泳装置上，上、下槽加入 SDS 电泳缓冲液。谨慎拔出加样梳，避免加样孔损坏，造成漏液。取 20~50 μg 总蛋白量的蛋白样品，按相应体积加入上样缓冲液，加热 5~15 min（95~100 ℃）使蛋白充分变性，将处理好的蛋白样品按顺序加入点样孔内中 。

（3）转膜：将电泳后分离的蛋白质从凝胶中转移到固相载体上，常用的两种方法包括毛细管印迹法和电泳印迹法。常用的电泳转移方法有湿转和半干转。毛细管印迹法是将凝胶置于缓冲液浸湿的滤纸上，在凝胶上放一片 NC 膜，其上置一层滤纸并用重物压好，缓冲液就会流过凝胶将蛋白质带到 NC 膜上，NC 膜便与蛋白质结合为一体。而电泳印迹法是用有孔的塑料和有机玻璃板将凝胶和 NC 膜夹成“三明治”形状，而后浸入两个平行电极中间的缓冲液中进行电泳，使蛋白在电场力的作用下离开凝胶结合到 NC 膜上。

（4）封闭：杂交膜上有很多非特异性的蛋白质结合位点，常用惰性蛋白质或非离子去污剂封闭膜上的未结合位点来降低抗体的非特异性结合，将膜从电转槽中取出，用离子水与 PBST 或 TBST 进行洗涤，浸没于封闭液中室温缓慢摇荡 1 h。封闭完成后需洗膜，去除膜上未结合的封闭试剂。

（5）抗体孵育及显色：加入一抗进行孵育，于摇床上孵育 1~2 h 进行洗涤，加入二抗于摇床上孵育 1~2 h，进行洗涤，加酶的底物避光显色，而后置于凝胶成像仪拍照并保存。

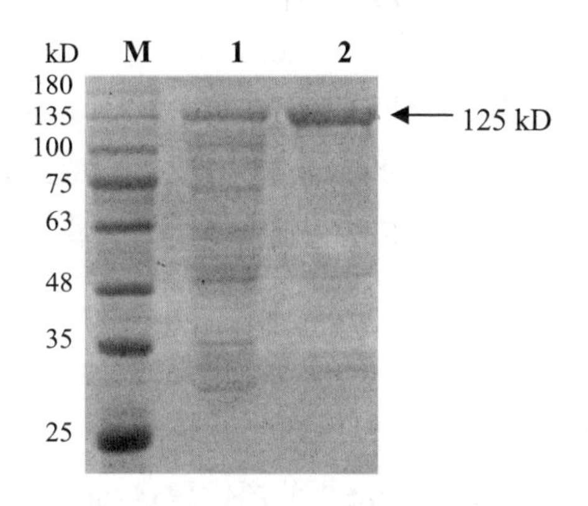

图 5-9　重组蛋白存在形式鉴定（江地科摄）

注：M. 蛋白 marker（25~180 KD）；1. 经超声破碎后上清液；2. 超声破碎后沉淀

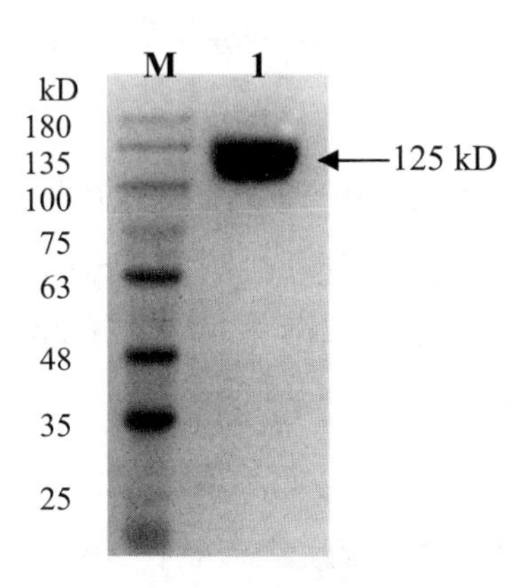

图 5-10　重组蛋白 Western-blotting 分析（江地科摄）

注：M. 蛋白 marker（25 KD~180 kD）；1. 重组的目的蛋白

（三）应用

目前，蛋白质印迹技术在色谱分离、固相萃取、膜分离等技术中也将得到广泛应用。该技术的成熟对众多领域，特别是医学疾病诊断、食品安全检测、蛋白分子之间互作等领域意义重大。本课题组常使用该技术进行目的蛋白的验证，为后续检测方法的建立、蛋白分子的互作及基因沉默提供科学基础。

四、免疫磁珠酶联免疫分析法

免疫磁珠（IMB）由磁性微球上包被抗原或抗体等免疫活性分子构成，IMB 具有抗原－抗体识别反应的高度专一性，当 IMB 与相应配体结合后，形成的免疫复合物可以在磁场下与其他物质快速分离，从而可达到快速特异性分离纯化靶配体的作用，具有特异性高、操作简便快速的特点。酶联免疫吸附法灵敏度高、特异性好、精确度高，更安全、简便，试验设备更简单。

免疫磁珠酶联免疫法（IMB-ELISA）是一种将酶联免疫测定技术与磁微粒分离相结合的新技术，采用液相分离代替普通酶标板的固相分离，以高均一的磁性微球来偶联抗体，在磁场的作用下快速分离游离物和抗原抗体复合物。由于磁珠表面积大，可以结合更多的诊断分子，对蛋白的吸附能力显著优于酶标板载体，此外抗原抗体在液相中反应，更有利于抗体与抗原结合，反应效率显著提升。

龚如月等成功建立重组 IBDV VP3 蛋白的免疫磁珠间接 ELISA 抗体检测方法。高地等采用免疫磁珠成功建立检测猪链球菌 2 型夹心 ELISA 方法，最低可在抗原量 10^3 CFU/mL 时显示阳性反应。IMB-ELISA 检测抗体的灵敏度和制备单克隆抗体的成本相当。Eman 比较了三种基于抗体的曼氏血吸虫病诊断试验，包括 IMB-ELISA。实验结果表明，IMB-ELISA 具有较高的敏感性和特异性，与其他寄生虫的交叉反应率很低，而间接 ELISA 和间接血凝试验（IHA）与肝片吸虫病的交叉反应率不同。

主要参考文献

[1] 崔治中主编. 兽医免疫学（第二版）[M]. 北京:中国农业出版社. 2015.

[2] Pasteur. Pseudorabies virus vaccine comprising monoclonal antibody which can be mass produced by hybridoma culture and has high specificity[J]. Vaccine，1988，6（1）: 64–65.

[3] Vonbehring E，Kitasato S. Development of diphtheria immunity and tetanus immunity in animals[J]. Molecular Immunology，1991，28（12）: 1319–1320.

[4] Behring E V，Kitasato S. The mechanism of diphtheria immunity and tetanus immunity in animals[J]. Molecular Immunology，1992，28（12）: 1317，1319–20.

[5] 催守信，李梦东. 补体的生物活性及其临床意义[J]. 重庆医药，1979（04）: 86–96.

[6] 蒋作强，车跃光.血凝试验和血凝抑制试验的影响因素及应对措施[J]. 安徽农学通报，2012，18（2）: 24+95.

[7] 蔡文杰，邱立新，邱美珍，等. 血凝和血凝抑制试验常见问题及解决方法[J]. 湖南畜牧兽医，2012（5）: 39–41.

[8] 宁锐军，李庆华，秦石英，等. 反向血凝抑制试验在鼠疫疫情处理中的应用和结果分析[J]. 应用预防医学，2003，9（6）: 348–349.

[9] 刘俐君，欧云文，赵小波，等. 2015–2018年达州市羊布鲁氏菌病监测及分析[J]. 中国人兽共患病学报，2020，36（4）: 320–324.

[10] 沈杰. 我国首次建立的家畜寄生虫病免疫诊断技术——家畜伊氏锥虫病补体结合试验[J]. 中国兽医寄生虫病，2004，（3）: 60.

[11] 孙翔翔，朱琳，陈伟.Q热诊断技术研究进展[J]. 中国动物检疫，2019，36（5）: 57–60.

[12] Szymańska C M，Galińska E M，Niemczuk K，*et al*. Prevalence of Coxiella burnetii Infection in Humans Occupationally Exposed to Animals in Poland[J]. Vector Borne Zoonotic Dis，2015，15: 261–267.

[13] 依颖新，齐景文，雷蕾，等.牛炭疽疫苗两种免疫方式血清免疫抗体阳性率对比研究[J]. 黑龙江畜牧兽医，2015，（22）: 103–104.

[14] 潘永娜. 马传染性贫血病琼脂凝胶免疫扩散试验常见问题浅解[J]. 畜牧兽医科

技信息，2018，501（9）: 46.

[15] 刘亭亭. 2009-2017年间毛皮动物主养区主要疾病的流行情况调查[D]. 东北林业大学，2018.

[16] 朱佩娴，熊钟谨，吴春云，等. Dot-ELISA检测广州管圆线虫抗体的研究[J].中国人兽共患病杂志，2002（5）: 51-53.

[17] 王迈. 在鼠疫自然疫源地应用放射免疫沉淀试验（RIP）检查鼠疫菌F1抗体的研究[J]. 中华地方病学杂志，1983，（1）: 57.

[18] Sadhu D B，Panchasara H H，Chauhan H C，*et al*. Seroprevalence and comparison of different serological tests for brucellosis detection in small ruminants.[J] .Vet World，2015，8: 561-566.

[19] 程龙飞，刘荣昌，陈翠腾，等. 乳胶凝集试验检测鸭3型腺病毒方法的建立及应用[J]. 中国家禽，2020，42（6）: 48-51.

[20] 罗玲，罗青平，张蓉蓉，等. 乳胶凝集试验快速检测鸭疫里默氏杆菌抗体的研究[J]. 中国家禽，2018，40（4）: 66-68.

[21] 赵慧，李娟，邵铭，刘书珍，徐康维，李长贵.抗H7N9流感病毒中和抗体快速检测方法的建立及应用[J]. 中国药事，2019，33（1）: 56-60.

[22] 江地科，尹清清，项明源，等. 检测猪瘟病毒胶体金和量子点试纸条的初步研制[J]. 江苏农业学报，2020，36（1）: 122-127.

[23] Wu X L，Xiao L，Peng B *et al*. Prokaryotic expression，purification and antigenicity analysis of African swine fever virus pK205R protein [J]. Pol J Vet Sci，2016，19（1）.

[24] 龚如月，李一经，唐丽杰，等. 基于重组IBDV VP3蛋白的免疫磁珠间接ELISA抗体检测方法的建立及初步应用[J]. 中国兽医科学，2019，49（6）: 678-686.

[25] 高地. 猪链球菌2型免疫磁珠夹心ELISA方法的建立[D]. 南京农业大学，2012.

[26] Eman M H，ESSAM A H. Immuno-Magnetic beads ELISA for Diagnosis of schistosoma mansoni infection[J]. Journal of the Egyptian Society of Parasitology，2019，49（1）: 51-59.

第六章

病理学检疫与诊断技术

第一节　常规病理学诊断技术

常规病理学诊断技术主要包括大体解剖技术和显微镜下观察。一个有经验的病理学者，通过常规病理学检查，即可做到：提出明确的病理诊断，提供可能的病因学证据或线索及病情可能的预后进展。因此，常规病理学方法仍是动物疫病诊断中不可或缺的一个重要组成部分。

一、大体解剖技术

大体解剖技术是对具有典型或及时发病或死亡动物进行诊断的重要手段之一，是病理学诊断技术最传统最基本的研究方法之一，在动物疫病中具有独特且无可替代的作用。该方法简便易行，有的病变通过大体剖检观察即可直接识别，有的即使不能确诊也往往能识别出病变所在，可取材做进一步的组织病理学检查。例如：鸡新城疫除直接观察可见的典型病症外，通过大体剖检观察内脏器官的败血性出血性素质和消化道、呼吸道病变对该病也有诊断意义。鸭病毒性肝炎剖检可见肝脏病变，通过大体剖检既能查出病因和病变，分析各种病变的主次和相互关系，查明死亡原因确定疾病，又能及时发现和确诊某些传染病、地方流行病，特别是突发和新发的疾病，为兽医防疫部门及时采取防治措施提供依据。

（一）剖检前的准备

1. 临床情况调查

剖检前应了解病（死）畜禽的发病情况、临床症状、免疫背景及治疗措施等信息，以便有目的、有重点地进行检查。

2. 剖检人员自身防护的准备

在解剖前，剖检人员应先行戴好手套、口罩、防护帽，穿上防护服、长筒胶鞋，必要时还要外罩胶皮或塑料围裙、戴上防护眼镜，以防病菌的感染。

3. 解剖场地的准备

尸体剖检一般应在专用解剖室内进行，以便于清洗、消毒，防止病原的扩散。如果条件不许可，应选择远离村庄、房屋、水源、道路和畜禽栏舍，并且要求地势高、环境干燥、方便就地掩埋畜禽尸体的地点进行。

4. 解剖器械和用品的准备

（1）器械：剥皮刀、外科刀、外科剪、骨剪、骨锯、斧头、镊子等。

（2）消毒药品 5% 碘酒、70% 酒精、3%~5% 来苏儿、0.1% 新洁尔灭、高锰酸钾等，解剖前最好准备好 2 种以上用途的常用消毒药品。

（3）采样用品 固定液（常用终浓度为 4% 甲醛或 10% 福尔马林液）、不同尺寸的自封袋、不同规格的离心管、一次性注射器、采血管、一次性吸管、棉签、载玻片、玻片盒、酒精棉、酒精灯、冷藏箱、消毒剂等。

（4）采样记录用品 相机、签字笔、记号笔、临床情况调查表、剖检记录表等。

（5）信息的收集及记录 记录好畜主姓名或单位名称、地址和联系电话，畜禽存栏量、年龄、性别，病畜禽死亡时间、临床症状、诊断治疗情况、剖检时间、地点等内容。

（二）技术要点

1. 外观及体表检查

表皮及可视黏膜（颜色及是否瘀血、出血、溃疡等）、被毛、姿势、运动状态、体温、呼吸、天然孔（口腔、鼻孔、外耳、肛门）等。观察全身皮肤颜色，尤其是鼻、耳、腹下、股内侧、外阴和肛门部皮肤的颜色。如发现皮肤有损伤，应观察其分布、颜色、形状、状态（凹凸、是否为溃疡，分泌物特征），此外还应观察关节、蹄、耳的情况。

2. 禽类的剖检

剪断颈主动脉放血致死后，采用背卧位进行剖检，剖检之前，先把家禽放入消毒液中浸湿全部羽毛，以达到全面消毒的目的。尸体背卧位，先将腹壁和大腿内侧的皮肤切开，用力将两大腿按下，使髋关节脱臼，将两大腿向外展开，从而固定尸体。而后在胸骨末端后方将皮肤横切，与两侧大腿的竖切口连接，然后将胸骨末端后方的皮肤拉起，向前用力剥离到头部，使整个胸腹及颈部的皮下组织和肌肉充分暴露并检查禽的皮下组织变化。接着在胸骨后腹部横切穿透腹壁，从腹壁两侧沿肋骨头关节处向前方用骨剪剪断肋骨和胸肌，然后握住胸骨用力向上、向前翻拉，露出整个体腔。打开体腔后，把肝脏、脾脏、腺胃、肌胃和肠管一起取出，再用手术刀柄钝性分离肺脏，后将肺、心脏和血管一起取出。由于肾脏位于脊椎深凹处，应用钝性剥离方法取出。内脏分离、取出后分别进行检查。接着再用骨剪剪开喙角，打开口腔，将舌、食管、嗉囊从颈部剥离下来并进行检查。鼻腔可用骨剪剪开，轻轻压迫并检查鼻腔内容物，最后将脑部皮肤剪开、剥离，然后用骨剪将颅骨、顶骨作环形剪开，将脑组织取出并进行检查。

3. 猪的剖检

麻醉、电击（可能造成淤血、出血等人为变化）或放血致死动物后，采取背卧位（仰卧位）固定。剖检前应在体表喷洒消毒液，而后把四肢与躯干之间关连的肌肉切开，背靠下，将四肢向外展开，从而保持尸体仰卧固定。首先从下颌间隙开始沿气管、胸骨，再沿腹壁白线侧方直至尾根部作一切线切开皮肤，并进行皮下检查。然后从下颌间隙连着颈部、胸部及腹部左右切开肌肉、骨连接，打开整个胸、腹腔，检查各个器官的位置及病理变化。然后在下颌支部的内侧把刀立起切断舌骨，把舌头翻转出来，剥离扁桃体、喉头气管、胸腔气管，接着切断纵隔、横隔膜，把腹腔的内脏推向一侧，单结扎直肠并切断，取出所有的内脏器官并逐一进行检查。然后剥离肾上周围组织，将肾脏、膀胱、输尿管等骨盆腔内容物一并取出并逐一进行检查，接着检查淋巴结、关节，最后锯开颅骨，检查脑组织。

4. 反刍动物剖检

由于牛胃占据了整个左侧腹腔，故剖检采用左侧卧位固定，而羊体躯较小，仰卧剖检便于采出内脏器官。剖检前，应在体表喷洒消毒液，而后在剑状软骨处开一个切口，然后用左手食指和中指插入切口，呈“V”形叉开，再将刀口向上插入切口，沿腹壁白线向后切开腹壁至耻骨联合部，然后在脐的后方左右侧各横切至腰椎部，这样就可暴露整个腹腔，接着沿着肋骨弓向前到软骨，在肋骨与胸骨连接处锯断，沿着肋软骨部位切断，再切开横隔膜，即暴露了整个胸腔，随后检查胸、腹腔各个器官的位置及病理变化。接着在第四胃后部十二指肠的起始部做双结扎，在结扎之间剪断肠管；然后找到直肠，做个单结扎，在远端剪断，并进行胃、肠道摘离，以及肝、脾、胰、肾脏等的剥离；再用环切取出骨盆腔其它器官；接着摘除胸腔各个器官和气管；然后逐一检查各个器官，随后检查鼻、舌、口腔、咽喉以及身体各处淋巴结，最后在脑部打开颅腔并检查脑组织。

（三）注意事项

在临床工作中，尸体剖检观察是否认真仔细、全面，直接影响到畜禽疾病诊断的结果。因此，畜牧兽医工作者为了快速、安全、高质量地完成尸体剖检工作，还应注意以下几点事项。

1. 畜禽尸体剖检的方法是因人而异，但基本要求是尽可能地保持病变的原貌，减少剖检过程中人为地其他组织和脏器的污染。

2. 剖检前一定收集好畜禽发病后的临床症状、疾病初诊治疗等相关信息，这便于我们解剖畜禽尸体、观察病理变化时有所侧重。

3. 剖检记录是尸体剖检的重要内容，最好在检查病变过程中进行，不要凭记忆在剖检后补记。因此，剖检时最好由两个人配合进行，其中一人实施解剖操作，同时另一人在旁边当好助手，并做好剖检的记录。

4. 在剖检牛、羊等动物尸体时，必须事先排除炭疽，方能进行下一步的剖检工作。如疑为炭疽时，可在身体末端皮肤上切一小口采血做涂片镜检或切开腹壁局部，取脾组织进行检查。确定为炭疽的，严禁剖检，同时将尸体与被污染的场地、用具等进行严格消毒处理。

5. 待剖检的家禽未死亡时，将活禽致死后必须等家禽不再挣扎、完全死亡后，方能放入消毒液中浸泡、消毒，且要求家禽完全浸没消毒液至羽毛浸湿为止，目的是防止解剖时其绒毛飞扬而扩大所患疫病的传播。

6. 在病畜禽死亡后越早进行剖检越好，一般畜禽死亡后超过 6 h 以上的，就失去了剖检的意义，这是因为尸体放置时间过久，容易腐败变质，不利于对原有病变的观察。此外，剖检最好在白天进行，因为灯光下剖检不容易辨认病变的颜色及细微变化。

7. 做好剖检记录。观察剖检病理变化时必须认真、仔细，记录剖检的内容必须准确、全面、系统，防止遗漏，这样才能出示正确的疾病诊断和治疗方案。

8. 做好个人的防护，防止人员的感染。在剖检过程中，解剖人员不慎划破皮肤时，应立即进行消毒和包扎；剖检后，解剖人员的双手先用肥皂水冲洗，然后再用消毒液洗涤、消毒。

9. 做好畜禽尸体的消毒和无害化处理，防止疫病扩散。搬运畜禽尸体前，应用浸泡有消毒药的棉球堵塞天然孔，运送尸体的工具要严格消毒；解剖前应在尸体体表喷洒消毒液，剖检后要进行尸体的无害化处理。尸体的无害化处理主要有焚烧或深埋等方法，但以挖坑深埋较为实用。

10. 做好解剖器械的保养。剖检工作完成后，所用到的解剖器具都要用消毒液进行浸泡消毒，金属器械清洁、消毒后必须擦干，以防生锈，影响使用。

（四）基本病理变化的描述

1. 充血　器官或局部组织的血管内血液含量增多。

2. 出血　血液（红细胞）自心、血管腔溢出管壁的现象。

3. 血肿　发生于组织内较大量的局限性出血所形成的肿块。

4. 瘀斑　发生于皮肤、黏膜、浆膜的较大的出血灶。

5. 梗死　由于血管阻塞引起的组织坏死，一般常见于动脉血管阻塞引起的组织坏死。

6. 含铁血黄素　由巨噬细胞吞食红细胞后在胞质内由铁蛋白微粒集结呈颗粒大小不一、金黄色或棕黄色、具有折光性的一种色素。

7. 炎症　炎症局部组织的基本病变包括变性、坏死、渗出、增生，临床上可有局部或全身表现。

8. 水肿　组织间隙或体腔内有过量的体液潴留。

9. 积液　由于血管壁通透性增高，血管内流体静压升高等原因，血管内的液体成分进入体腔（如胸腔、腹腔、关节腔等）积聚的现象。

10. 渗出　由于炎症损伤，血管通透性增强，炎症局部血管内的液体、蛋白质和血细胞通过血管壁进入间质、体腔、体表或黏膜表面的过程。

11. 渗出液　炎症过程中由于血管壁通透性升高等原因，从血管内外渗到间质、体腔和体表的液体。渗出液中含有较多的蛋白（包括大分子的纤维蛋白原）和细胞成分，眼观混浊，能自凝，比重大。

12. 漏出液　非炎症时，由于某种原因血管内液体静压升高或血管内外胶体渗透压的变化（血管通透性正常），从血管进入间质和体腔的液体成分，主要为浆液，蛋白和细胞等成分较少，眼观澄清，不自凝，比重小。

13. 虎斑心　心肌严重贫血、脂肪变性时，可见心内膜下乳头处出现成排的黄色条纹（脂变的心肌纤维）与正常心肌纤维暗红色相间排列，类似虎皮斑纹，称为“虎斑心”。

14. 绒毛心　又称纤维素性心包炎。当心包发生纤维素性炎症时，渗出的纤维蛋白不能被分解吸收，在心脏搏动的作用下，心外膜上形成无数绒毛状物质，称绒毛心。

15. 肺气肿　呼吸性细支气管的末梢肺组织因残气量增多而呈持久性扩张，并伴有肺泡间隔破坏、肺组织弹性减弱、容积增大的病理状态。

16. 肺肉变　肺内渗出物不能完全溶解吸收，由肉芽组织取代而机化，病变区肺组织呈紫红色肉样，称肉变或实变。

17. 纤维素性炎症　以纤维蛋白原渗出并在炎症病灶中形成纤维蛋白为主的炎症，常发生于黏膜、浆膜和肺。

18. 槟榔肝　慢性肝淤血时，肝中央静脉及其附近肝窦淤血呈红色，由于瘀血缺氧，部分肝细胞萎缩和脂肪变性呈黄色，以致肝切面呈现红黄相间，似槟榔状花纹，故称槟榔肝。

19. 坏死　活体局部组织和细胞的死亡称坏死，主要表现为细胞的核浓缩、核碎裂、核溶解等细胞、组织的自溶性变化，坏死组织周围组织常有炎症反应。肉眼观察呈凝固性（坏死组织呈灰白色或黄白色，较干燥、坚实）或呈干酪样（肉眼观察呈淡黄色、质松软，似奶酪样）坏死。

20. 假膜及假膜性炎症　主要发生在黏膜，以纤维素性渗出为主的炎症，其渗出的纤维素、白细胞和坏死黏膜混合在一起，形成一层灰白色的膜状物，称假膜，这种炎症称假膜性炎症。

21. 溃疡　上皮组织全层或更深组织的局限性缺损，如胃溃疡等。

22. 糜烂　上皮组织表浅的局限性组织缺损，如口腔糜烂。

23. 脓肿　一种局限性化脓性炎症，表现为组织坏死液化，形成充有脓液的腔。

24. 积脓　如脓液在某些管、腔（如胆囊、输卵管、胸腔、腹腔等）内蓄积的现象。

25. 肠梗阻 由于肠内及肠外各种原因引起的肠道机械性或功能性堵塞。

二、组织病理学技术

组织病理学技术是指将病变部的组织制成切片，或将脱落的细胞制成涂片，经不同的染色后用显微镜观察，可大大地提高肉眼观察的分辨率，加深对病变的认识，通过观察和综合分析病变特点，一般可作出疾病的病理诊断。如猪繁殖与呼吸综合征病毒镜检可见鼻甲骨的纤毛脱落；猪细小病毒镜检可见在脑、脊髓等处以增生的外膜细胞、浆细胞等形成的血管套为该病的特征性病变。对许多疾病而言，组织病理学技术的直观性和相应的准确性是其他诊断方法所不能取代的。

（一）细胞学诊断技术

细胞学检查是指对病变部位自然脱落、刮取或穿刺获取的细胞进行涂片检查，以便对疾病进行定性诊断，可为疾病诊断提供重要依据。主要优点是取材方便，对患病动物损伤小或无损伤，已在临床上广泛应用。其标本包括：①体液自然脱落细胞：胸水、腹水、尿液沉渣、痰液或阴道分泌物涂片。②黏膜细胞：通过食管拉网、胃黏膜洗脱液、宫颈刮片及内镜下肿瘤表面刷脱细胞。③细针穿刺或超声导向穿刺吸取体腔积液、脑脊液、胆汁、囊肿的囊液、体表或内脏实体细胞涂片。通过这些标本可明确涂片中是否有炎症细胞、肿瘤细胞和寄生虫等，但由于取材的有限性，临床上不应将细胞学诊断与常规组织制片观察等同看待。

1. 常规组织制片技术

为在显微镜下观察到组织细胞的细微结构，必须将固定后的组织切成数微米的薄片以便观察，通常采用石蜡包埋后切片技术，称为常规组织制片技术，该技术是病理诊断的前提和基础。常规病理制片技术流程包括：固定、取材、脱水、透明、浸蜡、包埋、切片、捞片、染色、封片等流程，每一步操作都关系着切片的质量。

（1）组织固定：组织离体后应立即固定，组织固定时间因固定液种类、组织种类、大小、质地、有无包膜等而异。组织固定温度一般控制在 37 ℃以下，组织固定温度越高，固定时间越短。对于一般组织，若样品体积在 2 cm × 2 cm × 0.5 cm 范围内，可按固定液每小时渗透组织 2 mm 估算固定时间。对于较大的标本，应沿最大剖面每隔 0.5~2.0 cm 切开，分开或中间夹隔离物固定。空腔脏器应沿长轴剪开，平铺固定于支持物上，再放入固定液中固定。对于有包膜、类球形组织，应将组织切成片状，有利于快速固定。固定液的选择应根据组织的成分而定，在目前还没有实现组织个性化固定的情况下，提倡使用 10% 中性福尔马林固定组织，固定液体积应为所固定组织的 10~20 倍。

（2）组织采集：取材时，组织块的大小和厚薄程度要适中，要注意组织或器官的连续性或完整性，皮肤要带有表皮和真皮，肠壁和胃壁要有黏膜和肌层，肾脏要有皮质和髓质等，复杂标本要多部位取材，上、下、左、右、中间、瘤组织与正常组织的交界均应取材，取材体积不应大于 1.5 cm × 1.5 cm × 0.3 cm。

（3）脱水：一般来说，对于相同或相近的组织，小组织比大组织的脱水时间要短；小个体比大个体的脱水时间要短；肝、脾、脑、肾、淋巴结等组织脱水时间要短；乳腺、网膜、皮肤等含脂肪多的标本要适当延长脱水时间。

（4）透明：透明时间因组织的大小、种类、质地、透明剂质量和试剂温度等而异，透明时间控制在 90 min 以内，透明温度不要超过 40 ℃，并定期更换透明试剂，保证透明质量。

（5）浸蜡：透明的组织是由透明剂替代了组织中的水分，此时将组织浸于熔化的石蜡内，石蜡即可浸入组织内部，浸蜡一般要经多级步骤才能完成，第一级石蜡要用软蜡，后面几级用硬蜡。浸蜡的温度和时间对浸蜡过程影响较大，温度过高或时间过长，组织会收缩变硬变脆；温度过低或时间过短，组织浸蜡不充分，组织缺乏硬度，不利于制片。浸蜡温度一般在 62 ℃左右，浸蜡时间不要超过 3 h。

（6）包埋：包埋所用石蜡应和最后一级浸蜡的石蜡相同，包埋的蜡温应高于石蜡熔点 2~4 ℃。一般来说，组织的硬度最好能和包埋时所用石蜡的硬度一致，便于切片。包埋时应根据组织的特性和诊断需要将组织按一定规律排列，一般将组织的最大面或病灶面朝下包埋，不平整的组织要用镊子轻轻压平以保持组织切面的完整，但有时病灶面比组织的最大面更有意义；大小不一的组织同时包埋在一个蜡块中时，按组织从大到小依次包埋，并确保每个组织的最大面在一个平面上；管腔组织、乳头状组织、皮肤及囊壁等组织要竖立包埋，以保证镜检时能观察到各层组织结构。

（7）切片：切片时要均匀用力，用力过大、速度过快都会导致切片厚薄不均。软的组织切片速度稍慢，较硬的组织切片速度稍快。切片时还应注意蜡块中组织结构的层次和方向，组织中纤维、肌肉等的走向应与切片刀平行，质地较硬的部分应放在上面，如皮肤的表皮、肿块的包膜、胃肠道的浆膜等，这样可以减少组织破碎、断裂、厚薄不均等现象。对于长径≤ 3 mm 的细小组织，如大部分内镜、穿刺标本，组织切面数要在 8 个以上，对于细胞成分较多的组织，如淋巴结，需切得薄一些，细胞成分较少的组织，如脂肪组织，切得稍厚一些。

（8）捞片：捞片时应注意将蜡膜附贴于玻片上除去标签位置后剩余部分的中间位置。并且使组织在玻片上的排列要有一定的方向，如皮肤组织切片的表皮层端朝下，管腔类组织切片的黏膜或内膜端朝下，实性组织切片的被膜端朝下，镜检时才符合人的视觉习惯。另外，捞片时要注意把握好捞片时机和捞片方向，当蜡膜皱折完全展开，组织块没有明显扩张时，即可捞片。捞片温度一般是低于石蜡熔点 15 ℃为最适宜温度，须保持水面干净防止污染。

（9）染色：苏木精—伊红染色（HE 染色）是病理组织制片技术中最常用的染色方法。染色前切片要进行烤片和脱蜡，一般在 60~65 ℃温箱内烤片 30~60 min。脱蜡时间宁长勿短，要根据脱蜡切片的数量定期更换脱蜡试剂，一般来说，两缸各 400 mL 的二甲苯可以供 500 张切片脱蜡。加热和增加振荡时间可缩短脱蜡时间，切片染色前保证脱蜡和水化充分，否则染色后会出现片状或点状灰白色区域或染色不均区域。苏木精和伊红的染液质量对染色效果影响较大，其中苏木精和伊红染液的 pH 值是影响其染液质量最重要的因素之一。保持染液的 pH 值在 2.5 左右，对保障苏木精和伊红染液的染色效果至关重要。另外，要把握好苏木精和伊红染色的分化力度，分化时间要根据分化液的质量、切片染色情况等灵活掌握。分化时要充分考虑到核浆对比和切片的长期保存。染色完成后，要进行充分水洗，以除去组织中残存的酸或碱，以便切片长久保存而不褪色。

（10）封片：封片要提倡湿封，干封会引起细胞收缩、龟裂或切片出现黑色结晶样小点，影响细胞折光率改变和观察效果，封片时要掌握好中性树胶的浓度和量的多少，浓度太稀，胶易溢出玻片，切片保存一段时间后二甲苯会挥发，组织中会产生空隙，不利切片保存；浓度过高，胶会稠散不开，易形成气泡，胶的浓度为一秒钟滴下一滴为宜。二是要掌握盖片的速度和角度，取盖玻片时要轻拿轻放，以小于 30° 接触玻片的侧边，轻轻放下，不要垂直放下，以免产生气泡。

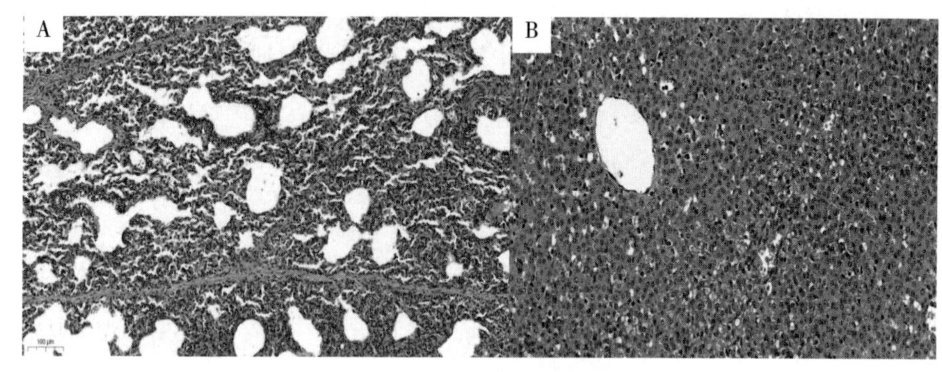

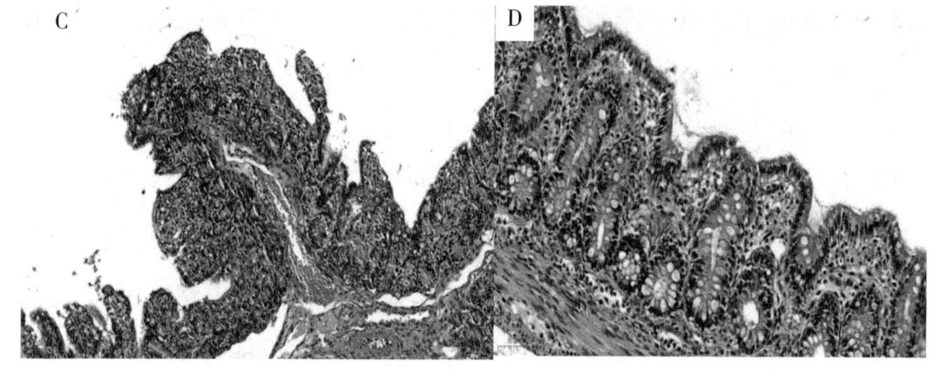

图 6-1　发病仔猪病变组织切片（HE，400×）（庞茂楠摄）

A. 肺脏；B. 肝脏；C. 空肠；D. 十二指肠

组织切片，发现肺泡壁增厚细胞成分增多，肺泡萎陷，肺泡融合（图 6-1A）；肝细胞大面积肿胀，肝窦变窄或消失，肝索纹理不清，含铁血黄素沉积（图 6-1B）；空肠绒毛高度普遍降低，严重萎缩，绒毛断裂脱落（图 6-1C）；十二指肠绒毛高度普遍降低，严重萎缩（图 6-1D）。

2. 特殊（组织化学）染色技术

为显示特定的组织结构或组织细胞的特殊成分，用特定的染料和方法对切片进行染色，称为特殊染色。特殊染色能够显示或进一步确定病变性质、异常物质以及某些病原体，是常规染色的有益补充。

3. 病原微生物染色

病原微生物包括细菌、真菌、放线菌、支原体、衣原体、立克次体、螺旋体和病毒等，采用组织化学方法对这些病原体进行检测在动物疫病诊断中具有重要意义。

（1）大部分细菌可采用革兰染色法：碱性染料（结晶紫等）可与细菌的核糖核酸镁盐—蛋白质复合物结合，革兰阳性菌（G^+）与结晶紫结合牢固显蓝紫色，革兰阴性菌（G^-）缺少或无该复合物，即易被酸性复红和中性红等染成红色，细胞核呈红色。结核杆菌、假（副）结核杆菌和麻风杆菌等抗酸杆菌可采用抗酸杆菌染色法（Ziehl-Neelsen），抗酸杆菌菌体外有一层特殊的脂质性包膜，革兰染色和 HE 染液不能使其着染。大多抗酸染色都采用苯甲烷染料。抗酸菌能与苯酚碱性品红结合成复合物，这种复合物能抵抗酸类的脱色，故抗酸杆菌显红色，背景为灰蓝色。

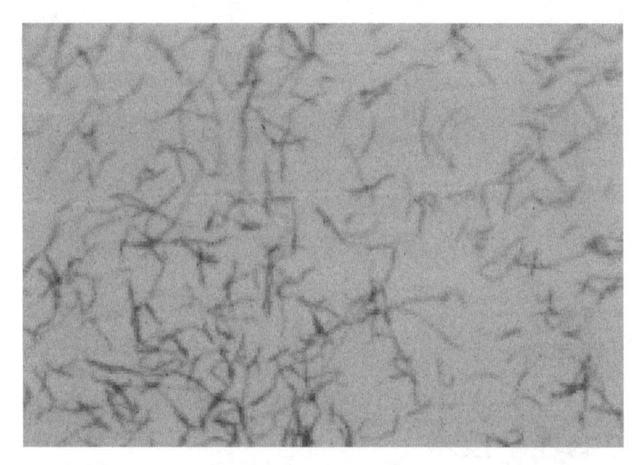

图 6-2 猪丹毒丝菌镜检图（G^+）（姜睿姣摄）

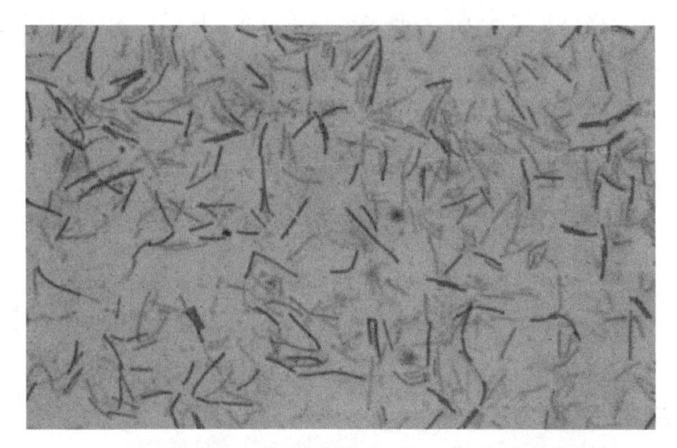

图 6-3 副猪嗜血杆菌镜检图（G^-）（姜睿姣摄）

（2）真菌染色：过碘酸 -Schiff（PAS）染色能将组织中 1，2- 二醇基物质氧化，转变为二醛类，与 Schiff 试剂品红复合物结合生成一种红色化合物，着色程度与组织中糖原分子中二醇含量呈正相关，因此能显示糖原、中性黏液物质，基底膜、网状纤维、真菌菌丝（曲霉菌、放线菌等）、寄生虫及腺泡状软组织肉瘤中胞质内结晶体。真菌呈红色，细胞核呈蓝色，糖原及其他 PAS 反应阳性物质呈红色。

（3）病毒包涵体：包涵体染色法（Macchiavello）可用于疱疹病毒等在 HE 染色中不易观察到病毒包涵体的病毒。病毒核酸大量聚集在细胞内形成包涵体时，RNA 病毒常形成胞质包涵体，DNA 病毒常形成核内包涵体，也有胞核胞质均可见的，染色后病毒包涵体呈红色，其他组织呈蓝色。

（4）支原体、衣原体、立克次体、螺旋体：附红细胞体、钩端螺旋体、立克次体等病原体通常用血涂片检查，姬姆萨（Giemsa）染色法可使这些特殊的菌体成蓝紫色，与血细胞形成鲜明的对比。螺旋体、支原体及衣原体呈蓝到淡紫色，立克次体呈紫色。

三、超微病理学技术

电子显微镜的分辨率大大高于光学显微镜，因而可用电子显微镜观察亚细胞结构和大分子水平的变化来了解组织和细胞最细微的病变，即超微结构变化，并可联系机能变化，加深对疾病的基本病变、病因和发病机理的认识，它不仅有利于对疾病的深入研究，还可用于疾病（如肿瘤和某些其他疾病）的诊断。诊断电镜标本的制备方法与一般生物标本的制备基本相同，基本要求是细胞微细结构的保存达到最佳状态，而对于诊断电镜来讲，最重要的是要把与诊断疾病有用的各种信息保留下来，对标本的微细结构只要能满足诊断要求即可。

（一）常规电镜标本的制备

目前电镜种类有很多，如透射电镜（TEM）、扫描电镜（SEM）、扫描隧道电镜、原子力电镜等。现代电镜分辨能力最佳可达 0.1 nm，放大倍率最高达 100 万倍，完全能满足一般生物标本的观察需要，但要做到这一点，首先要制备出质量上乘的超薄切片。

通常情况下电镜的超薄切片由电镜室制备，而观察人员需完成的是样品的采集与固定。总的原则是电镜样品要求必须鲜活，即最好为活体采样，标本离体后第一时间固定。组织标本离开机体后缺血缺氧改变非常严重，因此取材时间越短，超微结构保持越好，因此应预先准备好固定液及有关器具。如果组织块较大在固定前还需对组织进行处理，否则标本的中央部位由于固定不良而发生各种变化，影响正确诊断。其次，注意标本在固定前避免用自来水、生理盐水等冲洗，也不能过度挤压，以免产生人工假象。即使特殊情况标本不能及时固定，也必须让标本保持低温（但不能低于 0 ℃），更不能让标本表面干燥。取材的基本方法：将取出的组织放在洁净的蜡版上，滴一滴预冷的固定液，用两片新的、锋利的刀片互相交错将组织切下并修小，然后用牙签或镊子将组织块移至盛有冷的固定液的小瓶中。如果组织带有较多的血液和组织液，应先用固定液进行处理，再切成小块固定。

固定时注意固定液的性质，如渗透浓度、pH 值及缓冲液的离子组成等情况。一般固定液的渗透浓度与血液等渗或略高，因此配制固定液时常用的磷酸缓冲液和二甲砷酸钠缓冲液浓度都在 0.1 mol/L 以下，pH 值为 7.2~7.4。如果缓冲液的浓度增高，会导致细胞膜变形，而固定液中醛类浓度增高时则细胞结构变化不明显。对于诊断电镜标本，若不进行免疫标记研究，可考虑采用 2.5%~3% 戊二醛固定方法进行常规处理，可使蛋白质和脂类都获得良好的保存。超薄切片技术具体流程详见表 6-1。

表 6–1　透射电镜常规组织标本制备程序

顺序	操作过程	染液种类或操作	作用时间
1	固定	2.5%~3% 戊二醛或 4% 多聚甲醛 4℃	2~4 h
2	漂洗	0.1 mol/L 二甲砷酸钠缓冲液（pH 7.3）漂洗，换 5 次漂洗液	4 h 以上
3	修整	修小标本成 1 mm^3 小块，分出部分标本保存备用	
4	固定	二甲砷酸钠缓冲液漂洗后用 1% 锇酸固定（pH 7.3）	1~2 h
5	漂洗	同上缓冲液或双蒸水	3.5 min
6	脱水	50%、70%、80%、90% 梯度酒精	各 5~10 min
7	脱水	90% 丙酮	5~10 min
8	脱水	脱水	5~10 min × 3 次
		丙酮：新配制的环氧树脂包埋剂（1∶1）	1 h
9	浸透	丙酮：新配制的环氧树脂包埋剂（1∶3）	3 h 或过夜
		纯包埋剂	1 h
10	包埋	新配包埋剂放胶囊或模板内包埋标本，加标签	
11	聚合	35~60℃	24~48 h
12	切片	经半薄切片定位后，超薄切片连续切为 60 nm 厚的薄片	
13	染色	用醋酸铀及枸橼酸铅双重染色	

注：适用于手术、穿刺标本及病检的软组织标本。

（二）电镜在临床病理诊断中的应用

经过 80 余年的发展，电子显微镜技术已成为医学科学领域内不可缺少的研究手段，对医学科学研究起着重要作用。目前，电镜诊断技术已广泛应用于现代临床病理诊断中，特别是在传统的临床诊断手段无法确诊的病例，电子显微镜发挥着重大作用。

1．血液疾病诊断

在血液系统疾病的诊断和研究方面，从最初单纯的超微结构观察到成为某些疾病分型和鉴别诊断的重要工具，电镜凭借其自身优势已成为相关研究的重要手段，在临床和研究中发挥了巨大作用。电镜观察白血病已成为研究白血病的重要手段，电镜对白血病的作用主要是对某些分化较差的白血病细胞作出正确判断；对特定细胞采用样品包埋和超薄切片技术，同时电镜观察又可充分发挥电镜分辨率高，结构准确，形态清晰等优点，这是光学显微镜无法达到的，尤其是临床表现不典型时，再结合扫描电镜（表面微绒毛）更具有诊断价值。

2. 肿瘤诊断

在肿瘤病理诊断中，电子显微镜对肿瘤的诊断和鉴别诊断得到了广泛的应用，主要通过对超微结构的观察以及寻找各类组织特有的细胞分化标记，从而确诊和鉴别相应的肿瘤类型。其中，髓样癌电镜检查是具有诊断特征的，在其胞质内有圆形分泌颗粒，较大者电子密度中等，较小者电子密度高，二者可见于同一细胞内，大多数病例间质中有淀粉样原纤维物质沉积。滤泡型肿瘤电镜下瘤（癌）细胞呈低立方—高柱状，胞质内有疏密不均的胶体小滴。嗜酸细胞性腺瘤可见胞质内充满增生肥大的线粒体，而粗面内质网和高尔基复合体都不发达。玻璃样变梁状腺瘤间质则见不到淀粉原纤维，可见电镜为肿瘤的临床诊断和治疗提供了重要科学依据。但越来越多的资料表明，细胞凋亡与肿瘤有着密切关系，而电镜在细胞凋亡中的研究也起着重要的作用。因此，利用电镜观察细胞的超微结构病理变化和细胞凋亡情况，有利于深入地认识肿瘤的生物学特性、发病机制及其进展和预后。

3. 病原微生物诊断

超微病理诊断可用于亚细胞水平和细胞器微细变化的观察，也可直接对微小病原体的观察，该技术对病原微生物的确诊有着其独到的优越性和准确性。例如：鸡传染性法氏囊病在电镜下可见细胞间和细胞内水肿，核染色质浓缩或边集，巨噬细胞内溶酶体数量增多，淋巴细胞溶解或变性，在巨噬细胞内的溶酶体及细胞质内均可见到该病毒包涵体；鸭病毒性肝炎的确诊能直接在肝细胞内见到病毒颗粒；猪流行性腹泻可见到细胞质中细胞器减少，产生电子半透明区，病毒粒子随脱落的微绒毛排出细胞外。兽医临床常用负染色技术，无需经常规超薄切片的制片过程，可以直接将样品的匀浆悬浮液滴在有 formvar 膜或碳膜的铜网上进行染色。负染色技术可用于病毒、细菌、原生动物、噬菌体、亚细胞碎片和细胞器、核酸大分子、蛋白质晶体及其他大分子材料等的研究工作。兽医临床将其广泛应用于病毒性致病因子的超微病理诊断中。

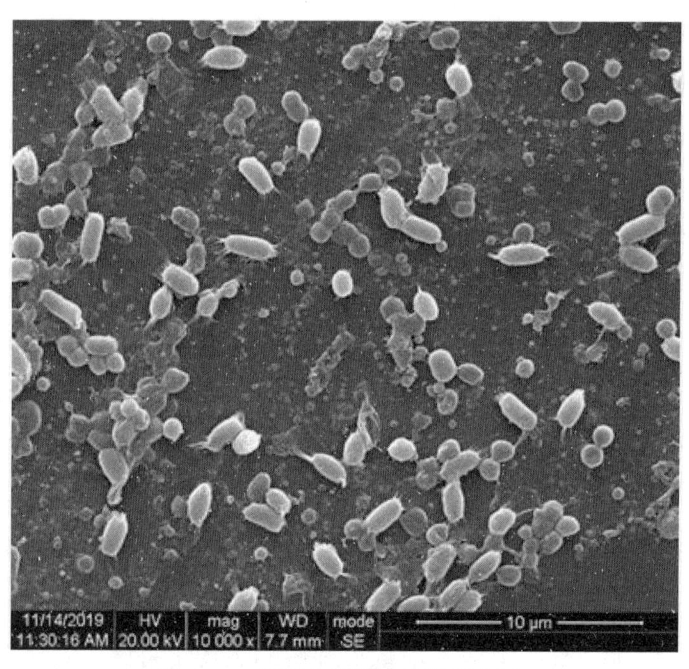

图 6–4　细菌电镜图（张鹏飞摄）

常规病理学诊断技术虽然在临床上有着直接和不可替代的作用，但也有一些局限性，解剖技术对许多疾病的诊断主要依赖于临床经验，且缺乏可信的诊断依据；组织病理学技术由于取材的有限性，对许多需观察到病毒等致病因子与病变关系的要求也展现了一定的局限性；超微病理诊断和其他显微镜下诊断手段一样，难以观察病变组织的全貌及其与周围组织的关系，同时由于其昂贵的价格和对实验环境条件苛刻的要求，电镜目前还难以做到广泛应用。因此，在临床动物疾病诊断中，除了临床检查外还需与其诊断技术相结合，共同完成对动物疫病的诊断。

第二节　免疫组织化学

免疫组织化学是在组织切片或细胞涂片上，利用抗体检测抗原并将其可视化的技术。在个性化的精准医疗时代，免疫组织化学技术主要用于病理诊断、鉴别诊断、判断疾病的预后和评估临床疗效、对分子靶标进行定位指导治疗以及对未分化和异质性的肿瘤进行研究，已经成为病理诊断中不可或缺的技术手段。

一、免疫组织化学的原理

组织化学是借助化学反应鉴定组织中特定化学成分的形态学方法，而免疫组织化学是一种特殊的组织化学方法。免疫组织化学（immunohistochemistry）或免疫细胞化学（immunocytochemistry）通过抗体与所识别的组织或细胞中的抗原发生特异性结合来鉴定这些抗原分子。免疫组织化学染色常常由 2 个要素组成：能识别组织或细胞中抗原的抗体和标记抗体的示踪剂，示踪剂分子包括：酶分子、荧光素分子和重金属原子等。荧光素分子可在荧光显微镜下观察到，从而衍生出免疫荧光（immunfluorescence）方法。免疫荧光技术通常采用 FITC（异硫氰酸荧光黄）和 TRITC（四甲基异硫氰酸罗丹明）做示踪剂，FITC 的最大吸收光谱为 490~495nm，最大发射光谱为 520~530nm；TRITC 的最大吸收光谱为 550nm，最大发射光谱为 620nm，选择适当的荧光滤片便可进行观察。

而重金属原子（例如金颗粒）可在电子显微镜下观察到，是免疫电镜的主要示踪剂，不同大小的金颗粒还可以同时进行多重标记。

免疫酶技术通常采用碱性磷酸酶做示踪剂，虽然他们不能在光学显微镜下被观察到，但可催化无色的底物产生有色的沉淀物，便可借助光学显微镜被观察到，以辣根过氧化物酶作示踪剂所采用的底物通常为 DAB（3，3-二氨基联苯胺）或 AEC（3- 氨基 -9- 乙基咔唑），分别产生棕色和红色沉淀物；以碱性磷酸酶做示踪剂所采用的底物通常为 NBT 或 BCIP（氯化硝基四氮唑蓝或 5- 溴 -4- 氯 -3- 吲哚基磷酸盐）、坚牢蓝或坚牢红。

二、免疫组织化学方法

目前已经创建了多种免疫组织化学方法，包括直接法（用酶分子或荧光素分子直接标记识别抗原的抗体）、间接法（用酶分子或荧光素分子直接标记二抗，而第二抗体则为识别特定种属免疫球蛋白 Fc 段的通用抗体）、酶桥法（以识别特定种属免疫球蛋白 Fc 段的通用抗体为桥梁将识别抗原的特异性抗体与酶标记抗体连接起来，识别抗原的特异性抗体与酶标记抗体需要来自同一种属）、PAP（辣根过氧化物酶 - 抗辣根过氧化物酶）法、ABC（卵白素 - 生物素 - 辣根过氧化物酶复合物）法、LSAB（酶标链卵白素 - 生物素）法、各类多聚体方法等。

PAP 法在滴加识别抗原的特异性抗体（第一抗体）后，滴加识别第一抗体种属免疫球蛋白 Fc 段的第二抗体，然后滴加与第一抗体同一种属来源的 PAP 复合物，最后用酶的底物显色。PAP 复合物是由 2 个抗辣根过氧化物酶的抗体分子与 3 个辣根过氧化物酶分子预先形成的。ABC 法在滴加识别抗原的特异性抗体（第一抗体）后，滴加生物素标记的识别第一抗体种属免疫球蛋白 Fc 段的第二抗体，然后滴加卵白素—生物素—辣根过氧化物酶复合物，最后用酶的底物显色。

LSAB 法在滴加识别抗原的特异性抗体（第一抗体）后，滴加生物素标记识别第一抗体种属免疫球蛋白 Fc 段的第二抗体，然后滴加辣根过氧化物酶标记的链霉卵白素，最后用酶的底物显色，链霉卵白素与生物素有很强的亲和力，为抗体与抗原结合力的 10 倍以上。

LSAB 法优于 ABC 法的原因在于：①卵白素含有糖链，可与肾脏、肝脏、脑等正常组织和肥大细胞中的凝集素样物质呈非特异性结合，产生较强的背景染色。链霉卵白素不含糖链可以克服这一缺点；②卵白素的等电点大约为 10，可引起非特异性的静电结合。链霉卵白素的等电点近于中性，不引起非特异性的静电结合；③辣根过氧化物酶标记的链霉卵白素非常稳定，可长期保存，无需像卵白素—生物素—辣根过氧化物酶复合物那样只能在用前 30 min 配制。

APAAP 法（碱性磷酸酶—抗碱性磷酸酶桥联酶标显色技术）与 PAP 法的前两步是相同的，只是第三步滴加的是 APAAP 复合物，最后显色的底物也不同。APAAP 复合物是由 2 个抗碱性磷酸酶的抗体分子与 2 个碱性磷酸酶分子构成。辣根过氧化物酶技术容易受内源性干扰，碱性磷酸酶技术通常不受内源性干扰，因为 APAAP 复合物中的碱性磷酸酶是从牛小肠组织中提取的，而底物中的左旋咪唑可抑制非肠源性碱性磷酸酶。APAAP 法的底物不用 DAB（致癌剂），而且 APAAP 复合物稳定性好，可在室温条下 1 年内不失活。

已经有各类多聚体方法，这些方法的基本原理是将特异性抗体（多聚体一步法）或第二抗体（多聚体二步法）和辣根过氧化物酶同时与某种多聚体连接在一起，这样既可以简化染色步骤，又可增加敏感性。

Envision 法又称 ELPS 法，是利用一种多聚化合物，将多个第二抗体分子和多个辣根过氧化物酶分子与葡聚糖连接在一起形成多聚体，增加了敏感性，同时由于充分稀释一抗，可减少非特异性染色，但多聚体的分子量较大，给穿透组织带来困难。近来出现的 Power-Vision 方法将多个辣根过氧化物酶分子连于第二抗体分子，在保留特异性和敏感性的同时，大大减少了多聚体的分子量。Envision 法和 Power-Vision 法在反应系统中不涉及卵白素与生物素的结合，可以避免内源性生物素的干扰，是目前应用最广泛的免疫组织化学方法。

三、抗体

免疫组织化学方法的基点是抗原和抗体的特异性结合，加深对抗体的认识对于标准化的免疫组织化学方法操作至关重要。

抗体是一个分子，具有和抗原分子特异性结合的性质，并且动物抗体的产生是由外在抗原的刺激而引起的，这是免疫反应的基础。抗原－抗体的识别是建立在蛋白质（抗原）的三维结构上，这对理解免疫组织化学染色的有效性（特别是福尔马林引起的蛋白质构象的改变）和抗原修复的原理非常重要。

抗体是一种免疫球蛋白分子，由两部分组成：一对轻链（κ 或 λ）和一对重链（γ、α、μ、δ 和 ε）。抗原也是一种具有复杂结构的分子，能保持其相对的三维刚性结构，但对宿主而言是外源异物，结构复杂并具有特定三维结构的蛋白质和碳水化合物具有较好的抗原性，可拥有一个以上能诱导抗体形成的独特的三维结构。抗原分子中这些特定的部位称作抗原决定簇（或表位），具有不同的氨基酸残基，是抗原与抗体结合的精确部位。一个表位是一个功能单位，并非蛋白质的一个固定结构，且不能单独与其对应的抗体识别，抗原决定簇（或表位）可以分为连续性和间断性两种。前者由多肽链上连续的氨基酸残基组成，后者由多肽链中不同部位的氨基酸残基通过蛋白质构象折叠结合到一起构成。

抗体分子的任何刚性结构均可作为抗原决定簇诱导抗体的产生。免疫球蛋白分子既可以作为抗体与组织抗原特异性结合，同时也可作为抗原，提供抗原决定簇与新的抗体结合，免疫组织化学染色正是利用免疫球蛋白的这一特性。

抗体能否应用于免疫组织化学染色基于免疫组织化学染色时抗原－抗体反应的敏感性及特异性。杂交瘤技术的发展和应用提供了大量生产高特异性抗体的可能，尽管不同的抗原具有相似或交叉反应的表位，单克隆抗体也不能保证对相应抗原反应的特异性，但大多数单克隆抗体对免疫组织化学染色反应的特异性均较好。“多克隆抗体”实际上是多种抗血清，包括不同亲和力或针对免疫动物的不同抗原决定簇的不同特异性的多种分子类型的抗体，也可能包含数量不等的针对所有抗原的抗体。因此，多克隆抗体非特异性染色背景比单克隆抗体的染色更深。同理，在固定组织中某些难以标记的抗原如果用单克隆抗体经抗原修复以后仍不能获得满意结果时，用多种抗体混合的多克隆抗体有时比单克隆抗体效果要好。因此，用高度纯化的抗原生产高亲和性的传统的多克隆抗体（抗血清）然后通过多步骤回收，以获得尽可能高特异性的抗体，对这种抗血清的评估，用免疫扩散法检测其特异性可能难以检测到微量抗体的特异性，只有当抗血清应用于含多种不同抗原的组织时其特异性才能显现出来。可用冰冻切片和石蜡切片作免疫组织化学染色或 Westerm blotting 技术来评估这类抗体的敏感性及特异性。

比较而言，多克隆抗体比单克隆抗体具有更高的敏感性，但特异性较低。原因是多克隆抗体（实际上是由多种抗体组成的）能识别单一蛋白质（抗原）上的数个不同的结合位点（表位），而单克隆抗体只能识别一种表位。信号放大技术及抗原修复技术的应用将会大大提高单克隆抗体检测的敏感性。

四、非特异性染色和组织固定

非特异性染色包括自发性荧光、抗体的非特异性结合、内源性辣根过氧化物酶和生物素的干扰等。

自发性荧光是由组织中某些物质产生的，例如脂褐素可产生棕黄色荧光，弹力纤维可产生黄色或蓝白色荧光、红细胞可产生黄色荧光、甲状腺上皮细胞质颗粒可产生棕红色荧光。

抗体的非特异性结合可由第一抗体或第二抗体产生，但主要是由第二抗体产生，为消除这种抗体的非特异性结合可最大限度稀释抗体、在滴加第一抗体前采用 BSA（牛血清白蛋白）阻断或二抗同种属正常血清阻断。

为消除内源性辣根过氧化物酶的干扰，首先了解哪些组织含有内源性辣根过氧化物酶活性，其中脑、脾、中性粒细胞和巨噬细胞具有较高内源性辣根过氧化物酶活性，血红蛋白和肌红蛋白含有铁卟啉也具有内源性 HRP 活性。

含有内源性生物素的组织包括许多上皮组织，特别是腺上皮组织（如肝脏、肾脏、腮腺和胰腺导管等），亦存在部分非上皮组织。福尔马林固定、石蜡包埋后生物素被封闭，但热抗原修复后可造成内源性生物素暴露，冷冻切片中也存在内源性生物素，因此对于冷冻切片和热抗原修复的石蜡切片应注意消除内源性生物素的干扰。消除内源性生物素的干扰可采用 APAAP 法、Envision 法或 Power-Vision 法进行免疫组织化学染色。如果应用 ABC 法或 LSAB 法在滴加第一抗体前可用卵白素或 20% 的生蛋清阻断内源性生物素。

组织处理包括固定、脱水、石蜡包埋（为切片提供介质），为了使组织保存最佳化，组织在包埋于石蜡之前应进行固定。理想的固定剂不仅供应便利，还应能最大范围地适用于各种免疫组织化学染色标本。固定剂应该能保持抗原的完整性，并限制在以后的处理过程中抗原聚集、弥散或异位，还应使抗原在包埋于支持介质（如石蜡）以后能保持形态结构的完整。

常用的组织病理固定剂分为两类：凝固性固定剂（如乙醇）和交联固定剂（如甲醛），两类固定剂都能改变蛋白质的空间构象，可掩盖抗原位点（表位），对抗体结合产生不利影响，大多数外科病理的固定剂是 10% 中性福尔马林（NBF）（交联固定剂），随后用 100% 乙醇固定一段时间，因此组织被福尔马林和乙醇双重固定。福尔马林作为固定剂历史悠久，具有以下优点：

（1）在固定后长时间内，很多组织的形态保存仍然较好。

（2）福尔马林的价格与其他固定剂相比，更为低廉。

（3）福尔马林固定对组织标本的消毒作用比其他固定剂可靠，特别是对病毒。

（4）对碳水化合物类的抗原保存更好。

（5）蛋白质在原位交联过程中，能防止蛋白质在水或酒精中渗出和弥散，保存其抗原性。很多低分子量的抗原（肽）被非交联固定剂如乙醇或甲醇固定而改变性状，但可被福尔马林以交联衍生物形式保存下来。一般认为，为保持一些如免疫球蛋白之类的大分子的免疫反应性，非交联沉淀固定剂比醛类固定剂效果更好。

五、抗原修复

福尔马林固定石蜡包埋组织的抗原修复方法包括蛋白酶消化和抗原热修复。

蛋白酶消化的常用方法包括 0.1% 胃蛋白酶消化 30 min，0.01%~0.1% 胰蛋白酶消化 15~120 min，0.0025% 链酶蛋白酶消化 4~6 min。

虽然蛋白酶消化对于某些抗体所识别的抗原修复是最有效的方法，但就一般意义而言，其抗原修复的有效性不如抗原热修复方法。

抗原热修复效果取决于所采用的缓冲液的种类、浓度和 pH 值、抗原热修复的温度和时间。常用的抗原热修复缓冲液有 0.01mol/L 枸橼酸钠缓冲液（pH 值 6.0，无毒，方便，适用于多种抗原）、0.3mol/L 氯化铝（对中间丝蛋白，CD29，CD54 有较好修复效果）、0.01mol/L 碳酸钠（对 Bouin 酸性固定液修复效果较好）、4~6 mol/L 尿素和 0.1%SDS 等。

免疫组织化学染色结果的判断和解读应注意如下几方面：①阳性结果：在以 DAB 为底物的阳性染色应该是棕黄色或深棕色，不能是淡黄色；②阳性信号的正确染色特征：中间丝应为丝缕状，不是模糊着色，但角蛋白在神经内分泌肿瘤中可呈包涵体样着色；③阳性信号的位置正确：例如 CEA（癌胚抗原）应着染腺腔表面细胞膜和细胞顶部细胞质；生长因子受体的阳性信号应位于细胞膜；TTF-1（甲状腺转录因子 1）、Ki-67、ER（雌激素受体）PR（孕激素受体）、MUM-1、TDT、p53 等的阳性信号应位于细胞核，但是由于交叉反应 TTF-1 可以着染肝细胞及其肝癌的细胞质（在肝癌的诊断中有一定意义）。

一般说来阳性免疫组织化学染色有支持诊断的意义，但阴性免疫组织化学结果并不能否定某种诊断，例如在诊断实践中 SYN 或 CgA 阴性并不能否定神经内分泌肿瘤的诊断，在随后证明其 CD56 和 NSE 阳性仍然支持神经内分泌肿瘤的诊断。由于 CD45RO 着染 4% 的 B 细胞淋巴瘤，若想证明 T 细胞淋巴瘤的诊断，至少应与 CD3 或 CD43 连用。EMA 与角蛋白抗体联合应用对于鉴定上皮来源的肿瘤也十分有用，因此在免疫组织化学染色实践中采用一组可以相互补充和认证的标志物往往可以避免片面性，例如不能在主观认定是淋巴瘤的前提下只做 CD3 染色，进而做出如下判断：CD3 阳性便诊断为 T 细胞性恶性淋巴瘤；若 CD3 阴性便诊断为 B 细胞性恶性淋巴瘤，这种做法是危险的，一般在淋巴瘤的诊断中应各采用两个 T、B 细胞的标志，例如：CD3 和 CD43，CD20 和 CD79a。

目前，免疫组织化学结果多采用半定量的显示表示，即一方面顾及染色的深度，另一方面顾及阳性细胞的百分比，但这种半定量估计常常具有很强的主观性，可重复性也较差，随着图像分析技术的进步，定量免疫组织化学技术也在快速发展，定量免疫组织化学技术对于疾病诊断和预后判断，特别是指导疾病治疗具有十分重要的意义，例如目前已经能够对 Ki-67、ER 和 PR 的标记率进行定量分析，近来一定会对更多标志物的免疫组织化学结果进行定量分析。

六、技术问题

免疫组织化学是多步骤的实验诊断程序，包括适当的选材、固定、脱水和染色等，但仍需要有经验的病理医师作最后的诊断，在确认结果时，应根据细胞内特异性抗原－抗体反应的有色产物的存在与否、分布的模式和强度进行正确判断，染色结果可能是局限的或弥漫的，可以是细胞核着色、胞浆着色或膜着色。

如因技术问题没有获得预期的染色结果，需找出问题所在，一般技术问题可分为两类，分别发生在染色前和染色时，未及时固定、固定过度、固定不充分及固定不均匀等都可影响结果。目前，大多数实验室固定后的脱水过程由仪器自动完成，但组织脱水过程对结果的影响可能没有得到足够的认识。如石蜡包埋之前组织脱水不充分可严重影响结果，定期配制新的乙醇溶液可减少或防止脱水不充分。其他一些在处理过程中出现的问题包括使用不适当的载玻片导致脱片，切片不仔细造成的组织皱褶或折叠可导致染色不均匀。组织脱水后和染色前对切片进行的一系列处理过程中（如酶消化和抗原修复）也有较多的不稳定因素，个人操作或仪器故障引起的错误对免疫组织化学染色结果也存在影响。

（一）实验组织和阳性对照都不着色

当样本和对照都不着色时，必须检查是否遵循正确的染色程序，即检查所有的染色步骤次序是否正确，孵育时间是否充分，是否遗漏任何试剂，查看抗体稀释度；检查抗体的失效期和储存条件，过期的抗体可能引起假阴性结果；另外，储存在冰箱内的抗体经反复冻融，可导致抗体失效；检查各种缓冲液及 pH 值是否适当，尽量避免实验过程中样本干燥，试剂用量是否正确、有无应用湿盒等。另外，还有染色剂问题，必须确定染色剂溶液配制是否适当，可通过向少量的配制好的染色剂溶液中加入标记试剂，观察有无颜色变化来检测染色剂，注意染色剂溶液有效期很短。最后，不染色的原因可能在免疫组化染色前不当的预处理、复染或封片引起。例如 AEC 不能和含乙醇、二甲苯或甲苯的复染剂和封片剂一起使用，因为这些化学物质可溶解 AEC 和底物反应产生的可溶性有色沉淀物。

（二）实验组织不着色，阳性对照阳性染色适当

如果只是阳性对照显示阳性染色结果，可假定染色程序操作正确，并且试剂有效，在这种情况下，问题发生在染色前而不是在染色过程中。因此，可能是组织固定不当、脱水过程不当或预处理不当，或者上述几种原因综合造成的。

福尔马林固定的问题包括固定不及时、固定过度、固定不充分和固定不

均。有些靶抗原易发生自溶现象，由于这一原因，标本应尽快固定，最好在离体 30 min 以内，固定不及时会使抗原、抗体不能进行有效反应和染色。过度固定也可导致不染色，可能由于抗原交联和固定剂的污染，因此福尔马林固定时间不应超过 48 h。在固定不充分时，只有标本边缘的组织能够吸收固定剂，而组织的中央区域仍未固定，在这些中央区域标本会在组织脱水时被乙醇进行凝固性固定，将会造成染色不均，有时使用不同抗体或不当应用抗原修复技术也能造成中央染色过强或边缘区染色过强。

不着色可能是在组织处理过程造成的，组织处理过程存在的问题主要是用久置的乙醇引起脱水不完全。另外，热敏感的表位可能因包埋时蜡温过高而丢失。

（三）实验组织染色过浅，阳性对照染色正常

实验组织固定和脱水不当可造成标本染色过浅，而对照染色正常。另一个造成实验组织染色过浅的原因是实验组织抗原含量过少。如果发现是由于固定不当导致实验组织的抗原浓度低，可提高抗体的浓度，延长孵育时间或提高反应温度，这些措施都可提高染色的强度。另外，如果在加抗体前切片仍遗留过多的缓冲液可导致抗体稀释而使实验组织染色过浅。

（四）背景染色

任何不是特异性抗原—抗体反应结果的染色都是非特异性背景染色，这种染色结果可用阴性对照染色来确认，有很多情况可引起背景染色，最常见的原因是抗体与组织中的结缔组织（如胶原）的带电成分间的非特异性结合。这种情况，可用与二抗来源相同的非免疫性动物的血清封闭以减少非特异性免疫，提高缓冲液中的盐浓度也可能有帮助。另一个常见的背景染色的原因是实验组织中存在过氧化物酶，如红细胞（假过氧化物酶）和白细胞（内源性过氧化物酶）的过氧化物酶没有清除，可能增加背景染色。

某些组织中富含内源性生物素（如肝和肾），常引起假阳性信号，这种

情况可通过更换另一种不含抗生物素蛋白的检测系统或用抗生物素蛋白预处理组织来减少背景信号的产生。切片过厚、固定不好的组织或坏死组织背景染色都比较高；抗体溶液本身因素也可能引起染色背景的增高，如溶液里存在抗体微粒（由于抗体反复冻融造成）或抗体浓度过高，其他少见的背景染色过高的原因和组织脱水过程有关，如石蜡去除不完全，可通过组织以外弥漫背景阳性染色来识别，引起非特异性染色的原因是染色剂未完全溶解或浓度过高引起染色剂—底物过度反应，可通过过滤染色剂溶液或降低化来解决。

（五）假性染色

组织细胞中某些特殊物质可能导致非特异性假性染色。如有未溶解的色素沉淀，可以通过过滤去除，B5 固定的组织可能由于脱锌不完全出现弥漫性黑色沉淀，可在染色前通过除汞来解决这一问题，有时内源性色素，如含铁血黄素或黑色素的信号和免疫组织化学的染色信号难以区别，但这种染色在阴性对照片中也可见到，如果没有阴性对照比较，可用与色素颜色不同的显色剂（如染成红色的 ABC）加以区别。有时，某些微生物如细菌或真菌污染也可导致假性染色。

因为免疫组织化学染色的多步骤特点，会出现多种技术问题。严格遵守质量控制规程，并避免大部分问题的发生，同时应认真判断染色结果，做出正确的诊断。

七、免疫组织化学的标准化

免疫组织化学的标准化含义广泛，包括组织固定程序的标准化、免疫组织化学试剂的标准化和染色程序的标准化，以及免疫组织化学结果判断和解读的标准化。设置严格的对照对于标准化地进行免疫组织化学染色具有特别重要的意义，这些对照包括：阳性对照、阴性对照、自身对照、空白对照等。为了实现免疫组织化学的标准化许多实验室采用了多组织切片作为阳性对照，即将含有上皮组织、肌组织、神经组织、黑色素瘤和淋巴组织的多组织条块以羊膜组织包绕，制成蜡块，用该蜡块的切片作为阳性对照，是一种值得推荐的方法。

八、免疫组织化学的应用

（一）细胞学研究

应用免疫组化方法可以对细胞抗原性物质进行准确、敏感的检测和定位，对培养的细胞进行免疫细胞化学染色，可以用培养皿直接染色、盖玻片细胞玻片染色或树脂包埋后半薄切片染色，将以上三种方法进行比较。①培养皿内直接染色：染色效果较好，但抗体耗量大，如果是塑料平皿，不宜用二甲苯透明、封片，细胞进行高倍照相时有一定的困难；②盖玻片细胞玻片：需要抗体少，标本能按常规进行脱水、透明、封片，但盖玻片进行培养时，培养的细胞有选择性，而且细胞容易脱片；③半薄切片染色：实验操作较为复杂，但能像常规石蜡切片一样进行染色。

免疫组织化学技术已成为病理学诊断中不可缺少的辅助手段，但在细胞学诊断中，却因涂片标本脱片、细胞面积大、耗费试剂多、标本制作重复性差等原因，没能像组织标本那样常规开展。

细胞免疫组织化学过程中，脱片和固定处理不当常是造成阳性率低、重复性差的重要原因。普通细胞涂片细胞黏附性较差，进行免疫组化染色细胞容易脱片，可采用清洁后的玻片用多聚赖氨酸处理，并在丙酮中固定，可以防止脱片。细胞涂片经过一番前期处理，即可同病理组织学切片免疫组织化学一样进行免疫组化染色。

细胞学诊断大多数情况下只有在观察常规染色片后，才能决定是否需要进行免疫细胞化学染色，此时涂片已染色并无剩余白片，即使有剩余白片，也不能完全保证 2 张涂片中细胞的一致性。对已经 HE 染色的细胞学涂片可以脱胶、盐酸乙醇脱色、高锰酸钾氧化、草酸还原一系列过程后还原成白片再行免疫组化染色，这样可以保持原来细胞结构的完整性，这是一种回顾性研究的补救手段。

（二）病原体检查

不同的微生物有其特异性的抗原而且也能激发产生相应的特异性抗体，可对微生物的特异抗原或引起体内产生的特异抗体进行免疫检测，这两种方法均能判断机体的感染状况。

应用免疫组化技术可以检测大肠埃希菌、痢疾杆菌、牛分枝杆菌、结核分枝杆菌等。细菌由于表面结构复杂，其抗原较多，同属细菌中有致病菌也有非致病菌，不同细菌之间也可能存在共同抗原，故临床上很少根据抗原检测判断致病细菌。

病毒、立克次体、支原体、衣原体抗原结构简单、特异性较好，采用免疫组化技术可以直接在组织中检测到病毒，如人乳头瘤病毒、EB 病毒、肝炎病毒、单纯疱疹病毒、巨细胞病毒等。目前，该技术已广泛应用于这些病毒感染的诊断。

（三）诊断病理学研究

在临床病理诊断和形态学研究中，免疫组织化学技术已成为病理科常规工作中不可缺少的部分，在病理诊断尤其是肿瘤鉴别诊断中起着重要作用，对很多肿瘤性疾病的临床治疗和预后提供了重要依据。

第三节　分子病理学诊断技术

在当今生物信息技术的推动下，病理学正经历着学科的重新布局和改造，即从组织、细胞、细胞器以及到分子的各层次整合，使病理学和多个学科相互渗透形成了一门新的分支学科——分子病理学（molecular pathology）。分子病理学诊断是近十多年快速发展起来的诊断技术，是指应用分子生物学技术，从基因水平上检测细胞和组织的分子遗传学变化，以协助病理诊断和分型、指导靶向治疗、预测治疗反应及判断预后的一种病理诊断技术。分子病理诊断技术是分子生物学、分子遗传学和表观遗传学理论在临床病理中的应用，其常应用于遗传性疾病的诊断与分型、感染性疾病病原体检测、肿瘤相关研究、药物伴随诊断和预后评估等领域，在疾病的诊断和治疗中起着重要作用。我国从 20 世纪 80 年代起开展分子病理诊断，目前已应用于临床的分子病理技术有原位杂交技术（ISH）、聚合酶链式反应（PCR）、实时荧光定量 PCR（qPCR）、基因芯片（genechip）、DNA 测序（DNA sequencing）等。分子病理诊断补充了传统病理诊断的不足，将病理诊断推向了新的高度，随着技术的革新和转化，相信还将有更多的分子病理技术应用于临床，为疾病的诊断、预后判断及疗效评估方面研究提供便利。

一、 兽医分子病理诊断发展概况

我国分子病理诊断发展与国外基本上同步。国内最早将分子病理诊断应用到癌症的诊断，20 世纪 80 年代，王泊沄等运用 DNA 原位杂交技术进行肝炎和肝癌的诊断研究，其将 ^{32}P 标记 HBV-DNA 作探针，在组织切片上进行杂交反应，通过碱基互补原理检测肝炎和肝癌组织中的乙型肝炎病毒（HBV）感染。随后，越来越多的肿瘤相关基因被发现，一系列用于检测癌基因激活和抑癌基因失活的分子病理技术应运而生，如 p53 基因突变检测、K-ras 基因突变检测等。分子病理诊断技术也因此应用到了大量的癌症研究中，如 Southern 杂交检测 T 细胞受体基因和免疫球蛋白基因重排，目的是鉴定 T 细胞或 B 细胞单克隆性增生以早期诊断淋巴瘤。本世纪初，肿瘤靶向药物被用于临床，靶向治疗催生了靶向诊断，一批用于检测靶向治疗药物靶点的分子病理技术迅速问世，如 FISH 检测乳腺癌 HER2 基因扩增、ARMS 法检测肺癌 EGFR 基因突变等。最近十多年来，分子病理诊断技术在癌症、细菌性和病毒性疾病研究中，取得了蓬勃的发展。

随着养殖业的发展，国家对兽医相关领域的重视，实验室建设的跟进，分子病理诊断技术在兽医研究中的应用也越来越多。目前与人类相关疾病研究一样，原位杂交技术、PCR 扩增、实时荧光定量 PCR、基因芯片、DNA 测序等分子病理学诊断技术已经广泛应用于兽医临床研究，为动物病原微生物的诊断扮演着重要的角色，有力地补充了传统兽医病理诊断的不足，将兽医病理诊断推向了新的高度，为兽医传染病的诊断和控制奠定了重要基础。

二、原位杂交技术

原位杂交技术基本原理是利用核酸分子单链之间有互补的碱基序列，将有放射性或非放射性的外源核酸（即探针）与组织、细胞或染色体上待测 DNA 或 RNA 互补配对，结合成专一的核酸杂交分子，经一定的检测手段将待测核酸在组织、细胞或染色体上显示出来。原位杂交技术最早出现于 1969 年，是根据核酸分子杂交的基本原理和免疫组织化学的成熟方法发展起来的，能够对动物组织和细胞中的基因表达情况进行研究的一项特殊分析技术。由于该技术主要用于原位定位基因，可在保存组织细胞完整性的同时观察基因表达产物，已成为科学研究和临床诊断的重要工具。

原位杂交技术自开发以来经过不断的改进和完善，现已广泛应用于病原感染诊断、基因表达研究、转基因细胞学鉴定、基因组结构、变异和空间分布规律研究以及肿瘤研究等领域。根据探针标记方法的不同，其先后经历了放射物或生物素标记探针的传统原位杂交技术（ISH）、荧光标记探针的荧光原位杂交技术（FISH）和新发展起来的分支链 DNA 信号放大技术（bDNA）级联放大信号的新型 Quanti Gene View RNA 原位杂交技术（View RNA ISH）3 个阶段。

（一）传统的原位杂交技术

ISH 是根据两条单链核酸分子在一定条件下同源互补碱基序列产生分子杂交的原理，利用放射物或生物素标记已知核酸探针，通过放射自显影或非放射检测系统在组织、细胞及染色体上特异性的检测 DNA 或 RNA 序列的一种技术。该方法可直接在基因水平检测 DNA 或 RNA 并明确定位，在保存组织结构完整性的同时，揭示组织细胞的异质性、细胞基因表达的异质性和不同细胞器中的区别定位，因此该方法具有特异性强、灵敏度高、定位准确等优点。20 世纪 90 年代以来，ISH 在动植物基因定位、基因表达、外源基因在染色体上的整合部位检测以及动物遗传育种等研究领域都有应用。在动物病原微生物研究中，该技术已被应用于检测口蹄疫病毒（FMDV）、猪瘟病毒（CSFV）、猪繁殖与呼吸综合征病毒（PRRSV）、猪水泡病病毒（SVDV）和 H1N1 流感病毒等病毒的 DNA 或 RNA，对各种病毒的基础研究起到重要作用。在禽流感病毒核蛋白（NP）保守区域扩增出 543bp 的基因片段，采用生物素地高辛标记探针进行原位检测禽流感病毒，该法不但能准确地表现病毒和细胞的位置关系，而且具有较好的特异性和灵敏性，为禽流感病毒的组织原位检测奠定了实验基础。王凤龙等用鸡包涵体肝炎六邻体蛋白基因片段对感染鸡包涵体肝炎病毒的雏鸡肝组织进行杂交，证实了鸡包涵体肝炎病毒主要定位于细胞核内。此外，ISH 还应用于牛结核菌、鸭瘟病毒、猪肺炎支原体、鸡马立克氏病毒、猪圆环病毒 2 型等病原的定位检测与致病机理研究中，结果表明对切片标本的检出率比常规涂片高，可直观地定位到病毒或细菌在组织中的位置，是一种集直观和敏感为一体的检测方法。现在 ISH 已与其他检测手段广泛结合，与聚合酶链式反应结合建立了原位 PCR（Insitu PCR）双重检测技术，与免疫组化方法结合产生了原位免疫 PCR（IS-PCR）技术，ISH 还可以与流式细胞仪分析，细胞图像分析，定量技术以及共聚焦显微镜技术等相结合，应用于细胞生物学及病理学研究中。然而，使用放射性材料的 ISH 存在很多缺点，如安全性差，保存期短，放射显影需要足够的暴露时间，放射性弥散导致空间定位不准确等；而生物素地高辛标记的 ISH 虽无放射性，保存时间长，但敏感性较低；由此开发了利用非放射性的荧光素进行标记和检测的 FISH。

（二）荧光原位杂交技术

荧光原位杂交（FISH）是 20 世纪 80 年代末期在传统的放射性原位杂

交技术的基础上发展起来的一种非放射性原位杂交检测方法。基于碱基互补的原理，将细胞原位杂交技术和荧光技术有机结合起来，用荧光素标记的外源 DNA 或 RNA 探针，与细胞涂片、组织切片、染色体制片上的待测核酸靶序列特异性结合，通过检测杂交位点荧光实现对靶序列的定位、定性和定量检测，与放射性原位杂交技术相比，FISH 具有安全、快速、灵敏度高、检测信号强、杂交特异性高、同时检测多种基因等优点。在过去的 20 年里，FISH 在生态环境的微生物多样性、微生物系统发育、疾病诊断、复杂的细胞染色体基础研究和微生物定位检测等领域中有广泛应用。在兽医学研究中，FISH 可分析各部位疾病如胃肠道细菌感染、呼吸道细菌感染时复杂微生物群体的数量和分布情况。同时，还可以对植入饲养器械和血液培养物中的病原进行可视化检测。诊断 FISH 技术的应用提供了大量有关单细胞中基因位置和表达形式的信息，更为完整的单细胞基因表达文件为基因表达形式和特定细胞表型之间的关系提供了新视角，这对疾病进程和发展研究起到了尤为重要的作用。再者，多基因 FISH 技术的应用将起初的形态学特征和预测基因结合起来，对癌症、结核等多种疾病的早期诊断具有重要意义。此外，FISH 在染色体分析、核型重排、初级细胞形成试验等基础研究领域中也发挥作用，为深入阐明细胞内部奥秘奠定基础。在兽医微生物中，FISH 可应用于细菌、古细菌、真核生物等各种分类群中，能快速准确地评估特定组织或环境中居于主导地位的特定分类群，还能特异性地筛选和检测杂交阳性的目的菌落。孙明军等通过构建 Bru-996 和 MTB770 探针，分别能够对布鲁氏菌和牛结核分枝杆菌进行特异性检测，其可替代传统的病原分离鉴定，作为动物布鲁氏菌病和牛结核病的实验室确诊方法。修淑丽等采用双歧杆菌属特异性 16S rRNA 寡核苷酸基因探针在荧光显微镜下成功筛选到杂交阳性的双歧杆菌；Werckenthin 等通过设计特异基因探针 SUB196 和 APYO183，利用 FISH 从培养物中特异性检测出了细菌病原乳房链球菌和化脓隐秘杆菌的存在。随着技术的发展，到了 20 世纪 90 年代，FISH 在方法上逐步形成了从单色向多色、从中期染色体 FISH 向粗线期染色体 FISH

再向 fiber-FISH 的发展趋势，灵敏度和分辨率正在由毫碱基向千碱基、百分距离向碱基对、多拷贝向单拷贝、大片段向小片段再向 BAC/YAC 等方向深入。此外，在 FISH 基础上又发展了多色荧光原位杂交（mFISH）、DNA 纤维 FISH、酪胺信号放大 FISH（TSAFISH）、原位 PCRFISH（Insitu PCRFISH）、细菌（酵母）人工染色体 FISH（BAC/YACFISH）、多肽核酸 FISH（PNAFISH）、锁链探针 FISH（padlock probe-FISH/pad-lock-FISH）、GeneFISH、RING-FISH 和 CPRINSFISH 等技术。更重要的是，FISH 与共聚焦激光扫描显微镜和多光子显微镜的结合应用，获得了较好的景深和清晰的图象，与微传感器和流式细胞计相结合也为兽医微生物学研究提供了更多的信息。然而，FISH 技术由于存在自身荧光造成的假阳性、穿透力较差、目的片段或探针结构复杂、RNA 含量低和光褪色引起的假阴性等不足，促使科学家们继续探寻特异性更好灵敏性更高的技术手段。

（三）QuantiGene ViewRNA 原位杂交技术

ViewRNA ISH 是由 Panomics 公司开发了一种新型的原位杂交测定法，其原理是用一段目的基因特异性的探针和蛋白酶消化后暴露的靶 RNA 杂交，通过一系列特异性的序列杂交步骤实现信号扩增，然后加入酶底物，在共聚焦显微镜下将靶 RNA 显影出来。该法可对贴壁细胞、悬浮细胞、新鲜冷冻组织切片或石蜡包埋组织切片混合细胞群体中的单个细胞任何一种基因的表达情况进行定位和检测，与传统的 ISH 和 FISH 相比，ViewRNA ISH 无需提取 RNA、反转录和 PCR 过程，并可应用多种荧光素在一个细胞中同时分析 4 种靶 RNA，具有速度快、敏感性高、重复性好、探针设计灵活等优点。目前，该方法主要应用于癌症和感染性疾病、生物标记验证、神经生物学、干细胞和细胞分化、RNAi 定量敲除和非编码 RNAs、转录异质性以及凋亡生物学等研究领域中。在兽医微生物中，已运用于猪瘟病毒（CSFV）、马传染性贫血病毒（EIAV）、禽流感、乙肝病毒和丙肝病毒感染中。有作者为了高效检测和准确定位 CSFV 并探究 CSFV RNA 在体外感染细胞中的复制动态和分布规律，分别设计并合成了 CSFV RNA 和猪内参基因 β-actin 的多条特异性探针，对培养于 PK15 细胞系中的 CSFV 中等致病力毒株 He BHH1/95 进行研究，结果显示合成的探针能特异性与各种亚型的 CSFV 结合，与其他病毒无交叉反应，显示了良好的特异性。Nguyen 等使用 ViewRNA ISH 技术在细胞上和石蜡包埋组织切片上原位检测和直接定量单分子的 miRNA 分子，该法能在单细胞中同时直接视觉检测和有效定量 miRNA 和 mRNA 表达情况。ViewRNA ISH 技术还应用于新英格兰爆发的一种致命的 H3N8 禽流感 A 型病毒在海豹细胞和组织的定位报道中，此研究针对流感病毒 H3N8 片段 4（HA）和片段 7（基质）设计特异性寡核苷酸探针，通过对细支气管上皮细胞和肺实质的黏膜细胞荧光信号的收集和可视化观察说明病毒复制的主要部位为呼吸道，肠道、肾脏和淋巴结有零星感染。由于该技术具有高敏感性和强稳定性的优点，为今后疾病的诊断和检测提供了很好的方向和思路。

原位杂交技术因其高度的灵敏性和准确性而日益受到许多科研工作者的欢迎，并广泛应用到基因定位、性别鉴定和基因图谱的构建等研究领域。目前，在畜牧上原位杂交技术主要用于病原微生物基因定位、基因图谱的构建以及转基因的检测等方面。在水产方面，原位杂交技术则主要应用于基因定位（多见于对鱼类和贝类等水生物的研究）和病毒的检测（多见于虾类）等。

三、聚合酶链式反应

PCR 技术是一种在生物体细胞外通过酶促合成特异 DNA 或 DNA 片段的方法。其原理是设计特异引物，在 Taq DNA 聚合酶催化作用下，经过高温变性、低温退火和适温延伸 3 个步骤反复循环，对某一特定模板的特定区域进行扩增，反应结束后应用凝胶电泳或测序等方法分析产物。因此，该技术可以直接检测疾病组织、细胞中是否存在某种病毒 DNA，同时 PCR 技术还是基因突变检测的前期必备技术。在兽医微生物研究中，PCR 扩增已经作为一种常用的技术广泛应用于病原微生物的鉴定、毒力相关基因鉴定、耐药相关基因鉴定等，如西部白眉长臂猿支气管败血波氏杆菌的鉴定及其耐药基因检测、猪源蜡样芽孢杆菌鉴定、猪源福氏志贺菌的鉴定及喹诺酮类耐药基因检测、牛源肺炎克雷伯氏菌的鉴定与耐药基因型检测、裂谷热病毒检测、兔出血症病毒与兔黏液瘤病毒鉴定检测等等。

多重 PCR 检测技术使用传统的凝胶电泳方法在核酸分离检测中使用非常广泛，在多数情况下，普通的琼脂糖凝胶电泳已经足以满足试验要求，比如进行一些定性的检测或鉴定等。然而在多重 PCR 技术中，由于检测项目往往需求较多，若同一次反应中需要扩增的目的条带较多并且其相互之间的大小区分程度较小，这时在普通琼脂糖凝胶电泳上进行区分的难度就会加大，纵然使用高浓度的琼脂糖凝胶去区分差别较小的条带，其区分度最多也不会低于 30 bp。目前有研究将毛细管电泳检测技术与多重 PCR 技术相结合，克服了传统琼脂糖电泳技术上的缺陷。在结果的判断和分析上，基于毛细管电泳的多重 PCR 方法能够得到每一个目的条带的具体参数，包括相对荧光强度、产物浓度以及具体的碱基数。这为 PCR 产物的分析带来了更多的方式，相比只能用肉眼进行观察或者以人工主观进行判断的普通凝胶电泳，该方法无疑是更具有统计学意义的。

四、实时荧光定量 PCR

荧光定量 PCR 技术是近几年基于普通 PCR 技术发展的一种新技术。它借助荧光信号来检测 PCR 产物，通过荧光染料或荧光标记的特异探针，对 PCR 产物进行标记跟踪，在扩增过程中，每经过一次循环，荧光定量 PCR 仪就会收集一次荧光信号，实时检测整个 PCR 进程。用荧光定量 PCR 法检测目的基因仅需检测样本是否具有扩增信号即可，且 PCR 反应具有核酸扩增的高效性，可检测出微小突变。根据 PCR 所使用的荧光物质可分为两种，包括 TaqMan 荧光探针和 SYBR 荧光染料。在 PCR 反应体系中，加入过量 SYBR 荧光染料，SYBR 荧光染料非特异性地掺入 DNA 双链后，发射荧光信号，而不掺入链中的 SYBR 染料分子不会发射任何荧光信号，从而保证荧光信号的增加与 PCR 产物的增加完全同步。SYBR 仅与双链 DNA 进行结合，因此可以通过溶解曲线，确定 PCR 反应是否特异。荧光染料可与双链 DNA 结合，每个循环的延伸阶段，染料掺入双链 DNA 中，其荧光信号强度与 PCR 产物的数量呈正相关。同时，其缺点也在于其非特异性。当 PCR 反应中有引物二聚体或者非特异性扩增时，该染料也可以和这些非特异性扩增产物结合，发出荧光，从而干扰对特异性产物的准确定量。TaqMan 探针法的关键是设计与模板特异性结合的荧光探针，该探针的 5′ 端标记有报告荧光基团，3′ 端标记有淬灭荧光基团。当探针完整时，报告基团发射的荧光信号被淬灭基团吸收，仪器检测不到信号。当 PCR 扩增时，TaqMan 在链延伸过程中遇到与模板结合的探针，其 3′—5′ 外切酶活性将探针酶切降解，报告荧光基团与淬灭荧光基团分离，荧光监测系统可接收到荧光信号。因此，每经过一个 PCR 循环，就有一个荧光分子形成，荧光信号的累积与 PCR 产物的形成有一个同步指数增长的过程，再通过实时监测整个 PCR 进程荧光信号的积累来检测 PCR 产物。与普通 PCR 扩增一样，荧光定量 PCR 也是普遍运用于兽医病原鉴定中。本实验室长期以来专注于猪、兔、羊等动物源病原微生物荧光定量 PCR 检测方法的建立。目前，已成功建立猪蓝耳病 NADC30-Like SYBR Green Ⅰ qPCR 检测方法、支气管败血波氏杆菌 SYBR Green Ⅰ荧光定量 PCR 检测方法、鲑传染性贫血病毒 TaqMan 实时荧光定量 RT-PCR 检测方法、兔出血症病毒 TaqMan 荧光定量 PCR 检测方法以及兔出血症病毒与兔出血症病毒 2 型复合 RT-PCR 检测方法等。

五、基因芯片

基因芯片又称 DNA 芯片或 DNA 微阵列。其原理是在固体载体（硅片、玻片、硝酸纤维素膜）上按照特定的排列方式集成大量已知 DNA/

cDNA 片段，形成 DNA/cDNA 微矩阵。将样品分子 DNA/RNA 通过 PCR/RT-PCR 扩增、体外转录等技术渗入荧光标记分子后，与位于芯片上的已知序列杂交，最后通过扫描仪及计算机进行综合分析，比较不同荧光在各点阵的强度，即可获得样品中大量基因表达的信息。基因芯片技术固定的是已知探针，它能够同时平行分析数万个基因，进行高通量筛选与检测分析，弥补了传统核酸印迹杂交技术操作复杂、自动化程度低、检测目的分子数量少的不足。基因芯片技术是一门新兴的技术，由于该技术能在一次实验中自动、快速、敏感地同时检测数千条序列，而且获得的序列信息高度特异、稳定。根据探针类型分为 DNA 芯片和 cDNA 芯片，前者用于检测基因突变，实现肿瘤早期诊断、判断预后及治疗；后者用于检测基因表达，对肿瘤进行发现性分类和预测性分类。在动物病原诊断中，基因芯片技术已应用于口蹄疫病毒（FMDV）、猪伪狂犬病毒（PRV）、猪圆环病毒 2 型（PCV-2）、猪瘟病毒（CSFV）、猪细小病毒（PPV）、猪流感病毒（SIV）、猪传染性胸膜肺炎放线杆菌（APP）、副猪嗜血杆菌（HPS）、猪肺炎支原体（Mhp）以及沙门氏菌等病原的检测。

六、DNA 测序

应用于分子病理诊断的 DNA 测序技术有直接测序法和焦磷酸测序法。直接测序技术主要是 Sanger 等发明的双脱氧链末端终止法。其原理是根据核苷酸在某一固定的点开始，随机在某一个特定的碱基处终止，产生 A、T、C、G 4 组不同长度的一系列核苷酸，然后在尿素变性的 PAGE 胶上电泳进行检测，从而获得 DNA 序列。直接测序法是基因突变检测的“金标准”，其优点是结果准确，重复性好，可检测整个测序范围内已知和未知突变点；缺点是步骤多，耗时长，灵敏度低，过程不易控制，在检测已知突变位点方面将逐渐被荧光定量 PCR 法替代。焦磷酸测序技术是一种新型的酶联级联测序技术，适于对已知的短序列进行测序分析，其可重复性和精确性能与 Sanger DNA 测序法相媲美，而速度却大幅提高。其原理是引物与模板 DNA

退火后，在 DNA 聚合酶、ATP 硫酸化酶、荧光素酶和三磷酸腺苷双磷酸酶 4 种酶的协同作用下，将引物上每一个 dNTP 的聚合与一次荧光信号的释放耦联起来，通过检测荧光的释放和强度，达到实时测定 DNA 序列的目的。焦磷酸测序具备同时对大量样品进行测序分析的能力，具有高通量、低成本、适时、快速、直观等优点。DNA 测序是分子诊断的基础，是原位杂交技术、PCR 扩增、基因芯片等分子病理学诊断的基础。

随着计算机科学、统计学、生物信息学等学科的发展，DNA 测序也进入了一个飞速发展的时期。其中，高通量测序技术（High-throughput sequencing）已经使测序技术发生了彻底的变革，又称“下一代”测序技术（“Next-generation” sequencing technology），以一次能对几十万到几百万条 DNA 分子进行序列测定为标志。目前，高通量测序技术开始广泛应用于人和动物疾病的诊断、发病机制研究以及兽药的开发。在传统病原和未知病原的诊断上，高通量测序技术展现出了它无可比拟的优势，为构建以流行病学监控、预防为主的新型动物疫病防治体系提供了坚实的技术保障。

主要参考文献

[1] 陈怀涛，许乐仁. 兽医病理学[M]. 北京：中国农业出版社，2005，1-3.

[2] 田克恭，李明. 动物疫病诊断技术—理论与应用[M]. 北京：中国农业出版社，2014：114-125.

[3] 潘龙钦. 畜禽尸体剖检的技术要点及注意事项[J]. 上海畜牧兽医通讯，2018，（3）: 56-57.

[4] 宋蜀伶，潘鑫艳，王力. HE制片技术的标准化初步探讨[J]. 西南国防药，2014，24（9）: 1035-1036.

[5] 祝云霄，冯占军. 常规病理制片流程注意事项[J]. 临床医药文献电子杂志，2014，1（01）: 191.

[6] 王玉芳，徐晓艳，武彦. 常用特殊染色在病理诊断中的应用[J]. 实用医技杂志，2013，20（12）: 1357-1358.

[7] 赵洁，任炜，于普燕，等. 特殊染色及组织化学技术在病理诊断及科研中的应

用[J]. 齐鲁医学杂志，2013，28（05）: 468–470.
[8] 王文勇，黄晓峰，尹文，等. 用于超微结构病理诊断的透射电镜标本制备技术[J]. 2011年全国西安病理技术学术会议暨全军第七届病理技术学术会议，2011: 286–289.
[9] 高丰，贺文琦，赵魁. 动物病理解剖学[M]. 北京：科学出版社，2013，155–215.
[10] 张欠欠，马莉，王逢会，等. 电镜技术在临床病理诊断中的应用[J]. 中国医疗前沿，2011，6（4）: 675–677.
[11] 陈杰. 病理诊断免疫组化手册[M]. 中国协和医科大学出版社，2014.
[12] 杜娟，裴斐，郑杰，等. P504S 34 β E12双重免疫组织化学染色在前列腺癌诊断中的应用[J]. 中华病理学，2005，8（5）: 311–312.
[13] 周航波，鲁波，马恒辉，等. CD34与D2–40双重免疫组织化学染色技术在鉴别血管与淋巴管中的应用[J]. 中华病理学，2007（5），36（5）: 342–343.
[14] 倪灿荣. 免疫组织化学实验技术及应用[M]. 化学工业出版社，2006.
[15] 徐鹏霄，郑淑芳. 免疫组化与分子病理学[M].人民军医出版社，2011.
[16] 免疫组织化学检测技术共识》编写组. 免疫组织化学检测技术共识[J]. 中华病理学，2019，48（002）: 87–91.
[17] 戴博斯，周庚寅，翟启辉，等. 诊断免疫组织化学[M]. 北京大学医学出版社，2008.
[18] 杨举伦，王丽，潘鑫艳，等.分子病理诊断的现状与思考[J].诊断病理学杂志，2014，21（6）: 341–346.
[19] 黄卫红. 动物疫病剖检关键技术应用[J]. 农民致富之友，2019，601（8）: 167–167.
[20] 郑杰，裴斐，钟镐镐，等.分子病理学在临床上的应用[J]. 北京大学学报（医学版），2002（5）: 604–611.
[21] 韩建冬，王红康，王建民，等. 分子病理学在诊断学中的应用与研究[J]. 亚洲心脑血管病例研究，2019，7（1）: 8–15.
[22] 赵燕，陈锴，徐璐，等.原位杂交技术在兽医微生物学中的应用进展[J]. 中国兽药杂志，2013，47（7）: 62–65.
[23] 王伯沄，陈子馨. 我国病理技术四十年来的进展[J]. 中华病理学，1995，24（4）: 258–260.

[24] 王凤龙. 鸡包涵体肝炎病原特性及肿瘤坏死因子 α 在其发病机理中作用的研究[D]. 内蒙古农业大学，2003.

[25] 孙明军，王萍，张喜悦，等.荧光原位杂交在布鲁氏菌和牛结核分枝杆菌检测中的应用[J]. 中国动物检疫，2019，36（9）: 69–73.

[26] 修淑丽，熊德鑫，杨义，等. 荧光原位杂交法检测双歧杆菌[J]. 中国微生态学杂志，2000，012（001）:3–5.

[27] GEY A，WERCKENTHIN C，POPPERT S，*et al*. Identification of pathogens in mastitis milk samples with fluorescent in situ hybridization[J]. Journal of Veterinary Diagnostic Investigation，2013，25（3）:386.

[28] WERCKENTHIN C，GEY A，STRAUBINGER R K，*et al*. Rapid identification of the animal pathogens Streptococcus uberis and Arcanobacterium pyogenes by fluorescence in situ hybridization （FISH）[J]. Veterinary Microbiology，2012，156（3–4）: 330–335.

[29] 赵燕. 猪瘟病毒QuantiGene ViewRNA原位杂交方法的建立及初步应用[D]. 中国兽医药品监察所，2014.

[30] 赵耘，杜昕波，李伟杰，等. 利用菌落多重PCR对传染性胸膜肺炎放线杆菌进行血清分型[J]. 动物医学进展，2010（01）: 9–12.

[31] 刘琪，王娟，周如月，等. 猪链球菌2、7、9型多重PCR检测方法的建立及应用[J]. 中国动物传染病学报，2016（03）: 35–40.

[32] HOWELL K J，PETERS S E，WANG J，*et al*. Development of a Multiplex PCR Assay for Rapid Molecular Serotyping of Haemophilus parasuis[J]. Journal of Clinical Microbiology，2015，53（12）: 3812–3821.

[33] 苏宁，杨丽，刘娟，等.基因芯片技术的国内应用研究进展[J]. 生物技术通讯，2016，27（2）: 289–292.

[34] 刘伯承，杨俊，王慧，等. 猪口蹄疫诊断技术研究进展[J]. 现代畜牧兽医，2020，（5）: 56–60.

[35] 张焕容. 伪狂犬病病毒、猪细小病毒和流行性乙型脑炎病毒检测基因芯片的构建及检测技术研究[D]. 四川农业大学，2005.

[36] 张永涛. 猪瘟病毒和猪2型圆环病毒基因芯片检测技术研究[D]. 河南农业大学，2011.

[37] 保雨. 猪呼吸道疾病综合征六种病原基因芯片检测方法的建立[D]. 西南大学，2016.

[38] 刘贺，顾贵波，李玲. 猪伪狂犬病检测技术研究进展[J]. 现代畜牧兽医，2020（1）: 62–65.

[39] 彭忠，梁婉，吴斌. 多杀性巴氏杆菌分子分型方法简述[J]. 微生物学报，2016（10）: 1521–1529.

[40] 阳慧琼，王晓娟，李姣，等.高通量测序技术在临床兽医学中的应用研究进展[J]. 湖南畜牧兽医，2016，（3）: 43–45.

附 录 常用缩略语英汉对照

A

AGID	agar diffusion reaction 琼脂扩散反应
ASPE	allele specific primer extension 等位基因特异性引物延伸法
ABP	avidin–biotin–peroxidase technique 卵白素－生物素－辣根过氧化物酶复合物
APAAP	alkaline phosphatase–anti–alkaline phosphatase technique 碱性磷酸酶－抗碱性磷酸酶桥联酶标显色技术

C

CFT	complementfixationtest 补体结合试验
CLIA	chemiluminescence immunoassay 化学发光免疫技术
CGMIA	colloidal gold marking immunoassy 胶体金标记免疫技术
CCD	charge coupled device 电荷耦合器件
CCS	circular consensus sequence 环状共有序列
CPE	cytopathic effect 细胞病变
CLR	continuous long read 连续碱基序列

D

dPCR digital polymerase chain reaction 数字 PCR

DIGFA dot immunogold filtration assay 斑点金免疫渗滤法

E

ELISA enzyme linked immunosorbent Assay 酶联免疫吸附试验

EIA immunoenzyme assay 酶免疫技术

ECLIA electrochemical luminescence immunoassay technique 电化学发光免疫分析技术

F

FIA immunofluorcsccnce assay 免疫荧光技术

FPIA fluorescence polarization immunoassay 荧光偏振免疫技术

FAO Food and Agriculture Organization of the United Nations 联合国粮食及农业组织

FRET Forster resonance energy transfer，fluorescence resonance energy transfer 荧光共振能量转移

FISH Fluorescence in situ hybridization 荧光原位杂交技术

H

HDA helicase-dependent Isothermal DNA amplification 解链酶扩增技术

HEPA high efficiency particulate air filter 高效微粒空气滤器

HGP human genome project 人类基因组计划

HBV hepatitis B virus 乙型肝炎病毒

I

IHC　immunohistochemistry 免疫组织化学技术

IA　immunoassay 免疫测定

IMBS　immunomagnetic bead separation technique 免疫磁珠分离技术

IHA　indirect haemagglutination assay 间接血凝试验

ISH　in situ hybridization 位杂交技术

IS-PCR　insituimmuno-PCR 原位免疫 PCR

L

LAMP　loop-mediated isothermal amplification 环恒温扩增技术

LSAB　labeled streptavidin biotin 酶标链卵白素－生物素

M

MPCR　mutiplex polymerase chain reaction 多重聚合酶链式反应

MR　methylred 甲基红

MFIA　multiplexed fluo-rometric immuno assay 多通路免疫荧光检测方法

N

NASBA　nuclear acid sequence-based amplification 核酸序列扩增技术

NGS　next generation sequencing 下一代测序技术

O

OIE　Office International Des Epizooties 世界动物卫生组织

P

PCR polymerase chain reaction 聚合酶链式反应

PRN plaque reduction neutralization test 蚀斑减少中和试验

PHA passive haem-agglutination assay 被动血凝试验

PAP peroxidase-anti-peroxidase 辣根过氧化物酶－抗辣根过氧化物酶

PBS phosphate buffer saline 磷酸缓冲液

Q

qPCR quantitative R eal-time PCR 实时荧光聚合酶链反应

R

RIA radio immunoassay 放射免疫技术

RT-PCR reverse transcription-polymerase chain reaction 逆转录聚合酶链式反应

RFLP restriction fragment length polymorphism 限制性酶切技术

RCA rolling circle amplification 滚环扩增技术

S

SDA stranddisplacement amplification 链置换扩增技术

SDS sodium dodecylsulphate 十二烷基硫酸钠

SPF specific pathogen free 无特定病原体

SNP single nucleotide polymorphism 单核苷酸多态性

SBCE single base chain extension 单碱基链延伸法

T

TRFIA　time-resolved fluroimmunoassay 时间分辨荧光技术

TMA　transcriptionmediatedamplification 转录酶扩增技术

V

VN　virus neutralization test 病毒中和试验

部分动物传染病诊断及防控方法现行标准名录

标准编号	标准名称	实施年份
GB/T 35942-2018	隐孢子虫套氏 PCR 检测方法	2018 年
GB/T 19438.2-2004	H5 亚型禽流感病毒荧光 RT-PCR 检测方法	2004 年
T/CVMA 13-2018	H7N9 亚型禽流感病毒双重实时荧光 RT-PCR 检测方法	2018 年
T/CVMA 5-2018	非洲猪瘟病毒实时荧光 PCR 检测方法	2018 年
GB/T 35912-2018	猪繁殖与呼吸综合征病毒荧光 RT-PCR 检测方法	2018 年
GB/T 19495.6-2004	转基因产品检测 基因芯片检测方法	2004 年
GB/T 27537-2011	A 型流感病毒分型基因芯片检测操作规程	2011 年
GB/T 19440-2004	禽流感病毒 NASBA 检测方法	2004 年
DB21/T 3256-2020	非洲猪瘟病毒等温扩增快速检测方法	2020 年